JP1認定エンジニア V11対応
試験直前チェックシート

　このチェックシートには、「JP1認定エンジニア」試験に関する重要なポイントを抜粋して記載してあります。受験前に、このシートを利用して自信のないところや再度確認しておきたい項目を重点的にチェックしてください。

全体

- [ ] JP1は情報システムのサービス品質を高め、利用者のTCO削減を実現すべく、普遍的な理念として「Service Quality Management」を掲げている。
- [ ] モニタリングは、システムを「止めない」コンセプトカテゴリーである。
- [ ] オートメーションは、システム全体を「動かす」コンセプトカテゴリーである。
- [ ] コンプライアンスは、IT資産を「守る」コンセプトカテゴリーである。
- [ ] モニタリングは、「統合管理」、「ITサービス管理」、「パフォーマンス管理」、「ネットワーク管理」という製品カテゴリーで実現している。
- [ ] オートメーションは、「IT運用自動化」と「ジョブ管理」、「バックアップ管理」という製品カテゴリーで実現している。
- [ ] コンプライアンスは、「資産・配布管理」と「セキュリティ管理」という製品カテゴリーで実現している。

統合管理

- [ ] 統合コンソールは、システム全体をJP1イベントにより集中監視する。また、システムで発生した事象の監視から、問題の検知、調査、対策までの一連の運用サイクルを、統合コンソールを基点に統合する。
- [ ] メッセージ変換はイベントコンソール画面に表示するメッセージのフォーマットを変換したり、シーンに合わせた表示になるようにテキストを変換する。
- [ ] IT運用分析は、仮想環境やクラウドを利用して集約されたIT基盤に障害が発生したとき、多角的な調査・分析で復旧作業を迅速化する。
- [ ] 通報管理は、PCの画面上に画像やメッセージを表示したり、警告音を鳴動したりする方法で、障害や問題点をリアルタイムに通報する。また、パトロールランプや携帯電話、電子メールなどを使用することで、目的に応じた通報が可能になる。
- [ ] JP1イベントとは、システムで発生した「業務の実行エラー」「システムリソース不足」など、JP1で管理する事象のことである。
- [ ] イベントコンソール画面は、システムで発生する事象を監視する画面である。イベントの重大度に応じてカラーリングされるため、イベントの重要度がひと目で特定できる。
- [ ] 監視ツリー画面は、システム上に分散する業務や、サーバ、プロセス、リソースなどをグループ化して監視できる。
- [ ] ビジュアル監視画面は、業務構成図や地図など、

任意の画像上に監視オブジェクトを配置した画面である。これにより、監視ターゲットが直感的に監視できる。

☑ IM構成管理画面では、サーバ構成を使いやすいGUI画面で設定・管理できる。また、仮想環境の監視ツリーも簡単に作成できる。

☐ JP1が備えているフィルタの種類は、転送フィルタ、イベント取得フィルタ、ユーザフィルタ、重要イベントフィルタ、表示フィルタである。

☑ 相関イベントとは、複数のJP1イベントが発行されたことを契機に、新しいJP1イベント（相関イベント）を発行することである。

☑ 繰り返しイベントとは、同一内容のJP1イベントが連続して発行された場合、それらの複数のJP1イベントを集約することである。

☑ ガイド機能は、障害が発生した際に、あらかじめ登録しておいた対処方法を表示することで、迅速な障害復旧をサポートする。

ITサービス管理

☑ 構成管理は、システムの構成情報をエージェントレスで自動検出する。

☑ ITプロセス管理は、ITILサービスサポートに基づいた運用を実現する。インシデント管理、問題管理、変更管理、リリース管理、サービスサポートの各プロセスを一元管理し、運用プロセスの統制により、審査・承認を漏れなく行う。

サービスレベル管理

☑ サービスレベル管理は、安定したサービスを提供できているかどうかを判断するための監視・評価機能を提供する。

☑ 管理者が実際のサービスにアクセスすることで監視サービスを自動検出できる。

☑ サービス利用者とWebシステム間のトラフィックを収集、分析することで、サービス利用者が体感している性能をリアルタイムに監視できる。

☑ サービスの問題発生時に、サービスに関連する

サーバや各種アプリケーションの稼働状況を確認しながら原因調査ができる。

☐ しきい値監視、傾向監視、外れ値検知などにより、放置しておくと障害に発展してしまう可能性のある「サイレント障害」をリアルタイムに検知できる。

稼働性能管理

☐ 稼働性能管理は、OS、各種アプリケーション、仮想環境などの稼働情報をシステムとアプリケーションの両面から収集する。これらを一元管理し、横断的に分析することで、問題の特定から解決、さらには将来のキャパシティプランニングまで、安定したシステム運用を実現する。

☐ 監視対象サーバにエージェントをインストールすることでサーバの稼働情報を詳細に監視できる「エージェント監視」と、監視対象サーバにエージェントをインストールせずにリモートから簡易的に監視できる「エージェントレス監視」の2種類の方法がある。

☐ システム情報サマリ監視画面は、システム全体の稼働状況を直観的に把握できるので、サーバ稼働監視の基本画面として利用できる。

☐ 収集した稼働情報の履歴やリアルタイムの稼働情報はレポートとして参照できる。

☐ レポートのタイリング表示は、複数のレポートを並べて表示することで、効果的な障害要因の分析やキャパシティプランニングに役立つ。

☐ 監視テンプレートとは、サーバ稼働管理において監視対象エージェントでよく利用される定義済みテンプレートを提供している。このテンプレートには、稼働情報の表示形式を定めたレポートとアラーム（監視項目のしきい値と、しきい値に達したときの警告方法）が標準で定義されている。

ネットワーク管理

☐ ネットワーク管理は、業界標準プロトコルであるSNMPを採用し、ファイアウォールやNATを介したネットワークも含め、ネットワークの一元管

理を実現する製品である。

- [ ] ネットワークの構成管理は、ネットワーク上のノードを検出し、自動的にネットワーク構成図（トポロジマップ）を作成する。

- [ ] ネットワークの障害管理は、ネットワークの障害によって発生する、さまざまなイベントの相関関係を認識、フィルタリングし、検出したネットワークのレイヤー2トポロジに基づいて根本原因を解析。その結果をインシデントとして通知する。

- [ ] ネットワークのパフォーマンスや可用性・信頼性を確保するためのルータの冗長化やリンクアグリゲーションなどの技術に対応している。

- [ ] ネットワークノードマネージャ開発者ツールキットでは、Webサービスを利用したインタフェースにより、ユーザアプリケーションから、ネットワークノードマネージャが保有している各種ネットワーク管理情報を取得・利用できる。

- [ ] 機器管理は、実物イメージの画面による機器の監視と操作が可能である。

- [ ] システムリソース／プロセスリソース管理オプションは、CPU利用率やメモリ使用率などのシステムリソースや、プロセスの生死などのプロセスリソースを監視する。

IT運用自動化

- [ ] 運用自動化では、運用手順書に基づく人手による複雑なオペレーションを自動化し、オペレータが簡単に操作できる。

- [ ] 複数ソフトウェアの操作が必要な仮想マシン運用や、システム構成変更に伴う複数サーバ上での設定作業など、IT運用において運用手順書を必要とする典型的な操作をテンプレート化したものが、コンテンツとして提供されている。

- [ ] IT運用に不可欠な「いつ」「誰が」「何をしたか」などの情報が実行履歴として残る。

- [ ] 提供されるコンテンツ（サービステンプレート）を活用することで、仮想マシンのプロビジョニングやJP1製品の一括監視設定が行える。

- [ ] サービスポータルは、クラウド基盤(OpenStack)の運用負担を軽減し、円滑なクラウド運用を実現する。

- [ ] 運用ナビゲーションは、運用作業の手順をフローチャートとガイダンス（解説）で可視化し、「どこから、どの順番で、何をすればよいか」をナビゲートする。

ジョブ管理

- [ ] ジョブスケジューラは、業務実行のスケジューリングや予実績管理など、業務の自動化に必要な機能を提供する。

- [ ] ジョブスケジューラは、ジョブの定義から実行指示、監視、実績管理など、業務の自動運用に必要な機能を備え、GUI画面で簡単に操作できる。

- [ ] 運用情報印刷は、業務の運用・保守のためのドキュメントを作成する。

- [ ] ジョブ定義情報の一括収集・反映は、CSV形式でジョブスケジューラの定義情報を一括入力または出力する。

- [ ] ERP連携は、SAP ERPジョブをほかのジョブスケジューラ業務と同様に扱うために用いる。

- [ ] ファイル転送は、転送状態や転送結果を把握でき、信頼性の高いファイル転送を実現する。

- [ ] スクリプト言語は、UNIXで広く使われているシェルをベースに機能を拡張し、クロスプラットフォーム上で効率の良いバッチジョブの開発・運用を支援する。

- [ ] 電源管理は、スケジュールを設定して業務と同期を取ったサーバの電源オン／オフやシステム起動／終了を自動化する。

- [ ] 判定ジョブとは、実行する条件に合致しているかしていないかを判定するジョブである。

- [ ] ジョブネットの実行予定は、スケジュールルールとカレンダーに従って起算される。

- [ ] イベントジョブは、イベントの受信やファイル更新などの事象発生を契機に処理を実行させる。

- [ ] ジョブネットの登録方法には、即時実行登録、計画実行登録、確定実行登録などの方法がある。

試験直前チェックシート **C3**

- [ ] ジョブネットモニタを使えば、実行中のジョブの状況を色変化でビジュアルに監視できる。
- [x] ステータス監視ウィンドウを使えば、現在の状態だけでなく前回の状態や次回（実行予定）の状態を一覧で確認することができる。
- [ ] 予実績管理は、デイリースケジュールウィンドウやマンスリースケジュールウィンドウでジョブ全体の実行状態を予定を含めて色で区別し表示する。

バックアップ管理

- [ ] バックアップ管理（マルチプラットフォーム環境向け）は、マルチプラットフォーム環境のシステムを論理的な3階層アーキテクチャでバックアップ/リストアを集中管理する。
- [ ] バックアップ管理は、JP1/AJS3、JP1/IMと連携するための連携スクリプトを提供している。
- [ ] バックアップ管理は、仮想化環境のバックアップ/リストアに対応している。
- [ ] バックアップ管理（Windows環境向け）は、小規模Windows環境のバックアップ運用を実現する。

資産・配布管理

- [ ] 資産・配布管理では、ソフトウェアやハードウェアなどのIT資産情報やセキュリティ対策状況を把握し一元管理することで、IT資産を有効活用できる。また、PCや業務サーバの操作ログ（証跡記録）の取得などにより、コンプライアンスを徹底することができる。
- [x] IT資産・配布管理は、クラウド時代の多様化するビジネス環境に対応できるIT資産のライフサイクル管理を支援する。また、IT資産の過不足をなくし、セキュリティリスクへの漏れのない対応を実現する。
- [ ] IT資産・配布管理は、IT資産のライフサイクル管理の各フェーズで必要な「ハードウェアの管理」「ソフトウェアの管理」「ソフトウェアの配布」「セキュリティ対策」に対応した機能と、ライフサイ

クル管理の始点となる「現状把握」を効率良くできる機能を備え、IT資産のライフサイクル管理の実現を強力に支援する。

- [x] IT資産・配布管理は、IT資産管理に必要な機能をオールインワンで提供している。
- [ ] ネットワークに接続されたPCの各種情報（インベントリ情報）を自動収集できるため、ハードウェア情報、ソフトウェア情報、セキュリティ関連情報といったインベントリ情報を効率的に取得し、一元管理できる。
- [x] ソフトウェアライセンスの保有数と実際のライセンス消費数、割り当て済みPCとインストール済みPCを把握できる。
- [ ] 「更新プログラムは最新か」「ウィルス対策製品のバージョンは適切か」「禁止サービスが稼働していないか」といった判定や、禁止操作の設定、操作ログの設定など、さまざまなセキュリティポリシーを設定することで、セキュリティ対策を徹底できる。
- [ ] リモート操作により、遠隔保守とヘルプデスク支援ができる。

セキュリティ管理

- [ ] 情報流出を「出さない」「見せない」「放さない」の3つの視点で対策する。
- [ ] スマートフォンやUSBメモリなどのデバイスの利用をコントロールし、機密データが社外に出ることをデバイス制御、ネットワーク制御、ログ取得・管理で防止する。
- [ ] ドライブ暗号化、メディア暗号化、ファイルサーバ暗号化により、PCや記録メディア、ファイルサーバのデータを暗号化し、第三者に情報の中身を見せない。
- [ ] ファイルの閲覧停止（IRM）で、相手に渡した情報の不正利用や流出・拡散を防止する。

JP1認定資格試験学習書

［ITサービスマネジメント教科書］

JP1
認定エンジニア V11 対応

試験番号 **HMJ-110E**

株式会社日立製作所／著

本書内容に関するお問い合わせについて

このたびは翔泳社の書籍をお買い上げいただき、誠にありがとうございます。弊社では、読者の皆様からのお問い合わせに適切に対応させていただくため、以下のガイドラインへのご協力をお願い致しております。下記項目をお読みいただき、手順に従ってお問い合わせください。

●ご質問される前に

弊社Webサイトの「正誤表」をご参照ください。これまでに判明した正誤や追加情報を掲載しています。

　　　　　正誤表　http://www.shoeisha.co.jp/book/errata/

●ご質問方法

弊社Webサイトの「刊行物Q&A」をご利用ください。

　　　　　刊行物Q&A　http://www.shoeisha.co.jp/book/qa/

インターネットをご利用でない場合は、FAXまたは郵便にて、下記"翔泳社 愛読者サービスセンター"までお問い合わせください。
電話でのご質問は、お受けしておりません。

●回答について

回答は、ご質問いただいた手段によってご返事申し上げます。ご質問の内容によっては、回答に数日ないしはそれ以上の期間を要する場合があります。

●ご質問に際してのご注意

本書の対象を越えるもの、記述個所を特定されないもの、また読者固有の環境に起因するご質問等にはお答えできませんので、予めご了承ください。

●郵便物送付先およびFAX番号

送付先住所　〒160-0006　東京都新宿区舟町5
FAX番号　　03-5362-3818
宛先　　　　（株）翔泳社 愛読者サービスセンター

※ 著者および出版社は、本書の使用によるJP1認定エンジニア試験の合格を保証するものではありません。
※ 本書の出版にあたっては正確な記述に努めましたが、著者および出版社のいずれも、本書の内容に対してなんらかの保証をするものではなく、内容やサンプルに基づくいかなる運用結果に関してもいっさいの責任を負いません。
※ 本書に記載されたURL等は予告なく変更される場合があります。
※ 本書に掲載されている画面イメージなどは、特定の設定に基づいた環境にて再現される一例です。
※ ITILはAXELOS Limitedの登録商標です。
※ 本書に記載されている会社名、製品名はそれぞれ各社の商標および登録商標です。
※ 本書では™、®、©は割愛させていただいております。

はじめに

　ITと経営の融合が進む中、企業にはビジネスを取り巻く環境の変化に迅速かつ柔軟に対応できるITシステムと運用が不可欠となってきています。

　JP1は1994年より日立が提供しているシステム運用管理製品です。日立が長年培ってきた豊富な技術を結集し、「自動化」、「見える化」、「俊敏性」、「最適投資」、「伸縮自在」といった今の運用管理に求められる要件に合わせて進化し続けています。オートメーション、モニタリング、コンプライアンスの3分野で、よりスマートなIT運用を実現し、お客さまのビジネスの継続的な発展を支援します。

　このJP1には、いくつかの認定資格講座と認定資格が用意されています。本書は、構築・運用エンジニア向け資格のエントリーレベルにあたる「JP1認定エンジニア」資格を対象とした学習書です。JP1全般の理解、および運用に必要なテクニカルスキルを身につけ、入門資格である「JP1認定エンジニア」を取得するために用意された学習書です。

　JP1を知り尽くしたJP1認定資格チームが、わかりやすく解説。図や画面を多数掲載し、入門者でもイメージしやすいように構成しました。更に、実際の試験と同じ問題数（20問）の模擬試験を3回分収録し、学習を確かにする工夫をしました。

　本書執筆にあたっては、翔泳社の編集スタッフに大変お世話になりました。心より感謝いたします。

株式会社日立製作所　IoT・クラウドサービス事業部
基盤インテグレーション部　　執筆者一同を代表して

Contents

はじめに iii

序章 JP1認定資格制度の概要　　1

0.1 JP1認定資格制度とは 2

認定資格者の特典 4

0.2 受験申し込みから認定までの流れ 5

第1章 JP1の概要　　7

理解度チェック 8

1.1 システム運用とは 9

システム運用の必要性 9

ITILの出現 10

1.2 統合システム運用管理「JP1」とは 11

1.3 JP1の理念 12

1.4 JP1の製品体系 13

練習問題 16

第2章 モニタリング　　17

理解度チェック 18

iv

2.1	モニタリングの概要	19
2.2	統合管理	21
2.3	統合コンソール	23

：JP1/Integrated Management

システムで発生した事象の一元管理 24
システムの監視 26
イベントのハンドリング 31
エラー検知と自動アクション 34
対処支援 35
メッセージ変換 37

2.4	IT運用分析	37

：JP1/Operations Analytics

IT運用分析の構成 38
構成情報の自動収集 39
障害の状況把握 39
障害に関連のある情報の自動抽出 40
障害の分析 40
過去の変更と性能情報を同じ時間軸で表示 41

2.5	通報管理	43

：JP1/TELstaff

通報手段 44
運用支援機能 44

2.6	監査証跡管理	45

：JP1/Audit Management

2.7	ITサービス管理	47
2.8	ITプロセス管理	48

：JP1/Service Support

ITILサービスサポート 50
ITサービス管理機能 51
ITILに基づいた案件処理の流れ 54

2.9	構成管理	57

：JP1/Universal CMDB

システム構成の可視化 57

システム構成の変更管理 58

ITILサービスサポートでの利用 58

2.10 パフォーマンス管理 59

2.11 サービスレベル管理 59
：JP1/Service Level Management

ホーム画面 62

監視サービスの自動検出 63

監視設定画面 63

リアルタイム監視 63

定期評価レポート 64

サービス低下の予兆検知 65

傾向監視 66

外れ値検知 66

外れ値検知＋相関関係 67

問題調査画面 68

2.12 稼働性能管理 69
：JP1/Performance Management

エージェント監視とエージェントレス監視 70

代表的な監視対象と主な監視項目 76

プラットフォーム監視エージェントによるOSの稼働監視 77

2.13 ネットワーク管理 78

2.14 ネットワークノードマネージャ 81
：JP1/Network Node Manager i、JP1/Network Node Manager i Advanced

高度なネットワーク技術に対応した管理 83
：JP1/Network Node Manager i Advanced

ネットワークノードマネージャ開発者ツールキット 83
：JP1/Network Node Manager i Developer's Toolkit

2.15 システムリソース／プロセスリソース管理 84
：JP1/SNMP System Observer

2.16 機器管理 85
：JP1/Network Element Manager

練習問題 87

目次

第3章 オートメーション　107

理解度チェック 108

3.1　オートメーションの概要 109
オートメーションによるPDCAの実現 109

3.2　IT運用自動化 111

3.3　運用自動化 111
：JP1/Automatic Operation

運用自動化の構成 112
運用オペレーションの効率化 112
簡単な操作 114
提供コンテンツの利用 117

3.4　運用ナビゲーション 124
：JP1/Navigation Platform

運用手順やノウハウの可視化 124
運用手順の操作ログ出力 125
JP1連携 126

3.5　サービスポータル 126
：JP1/Service Portal for OpenStack

利用者に使いやすいセルフサービスポータル 126
承認プロセスによる運用の統制 128

3.6　ジョブ管理 128

3.7　ジョブスケジューラ 129
：JP1/Automatic Job Management System 3

ジョブスケジューラのプログラム構成 130
ジョブの定義 132
ジョブの実行 139
実行状況の監視 141

3.8　運用情報印刷 147
：JP1/Automatic Job Management System 3 - Print Option

3.9　ジョブ定義情報の一括収集・反映 148
：JP1/Automatic Job Management System 3 - Definition Assistant

vii

目次

3.10 ERP連携 149
：JP1/Automatic Job Management System 3 for Enterprise Applications

3.11 ファイル転送 151
：JP1/File Transmission Server/FTP

3.12 高速大容量ファイル転送 152
：JP1/Data Highway

3.13 スクリプト言語 153
：JP1/Script、JP1/Advanced Shell

スクリプト言語JP1/Script 154
スクリプト言語JP1/Advanced Shell 154

3.14 電源管理 155
：JP1/Power Monitor

3.15 バックアップ管理 157

3.16 バックアップ管理（マルチプラットフォーム環境向け）
.... 157
：JP1/VERITAS NetBackup

VMware VCB機能との連携 163

3.17 バックアップ管理（Windows環境向け）.......... 164
：JP1/VERITAS Backup Exec

練習問題 167

第4章 コンプライアンス 183

理解度チェック 184

4.1 コンプライアンスの概要 185

4.2 資産・配布管理 185

4.3 IT資産・配布管理 186
：JP1/IT Desktop Management 2

IT資産・配布管理の構成 186

viii

目次

IT資産のライフサイクル管理	186
情報収集、ソフトウェア配布、ライセンス管理	189
セキュリティポリシーに沿ったセキュリティ対策	193
不正PCの接続拒否	198

4.4 リモート操作 199
：JP1/Remote Control

4.5 セキュリティ管理 200

4.6 情報漏えい防止 201
：JP1/秘文

デバイス制御	202
ネットワーク制御	202
ログ取得・管理	203
ドライブ暗号化、メディア暗号化、ファイルサーバ暗号化	203
IRM、ファイル保護	203
予兆検知・可視化	204
練習問題	206

第5章 模擬試験 219

第1回 模擬試験	220
第2回 模擬試験	242
第3回 模擬試験	264

付録 参考資料 285

主なJP1製品一覧	286
参考リンク	287
JP1認定資格講座	287

索引	289

ix

序章
JP1認定資格制度の概要

この章の内容

0.1　JP1認定資格制度とは
0.2　受験申し込みから認定までの流れ

序章　JP1認定資格制度の概要

　　日立オープンミドルウェア認定資格制度は、JP1の製品のセールススキル、テクニカルスキルを認定する制度である。

　　運用・維持に携わる一定スキルの習得と、販売および構築に関するエキスパートの育成を、効率良く実現する講座と、厳正・公正な評価基準でそのスキルレベルを認定する試験が用意されている。

　　認定資格取得者は、そのスキルレベルを客観的に示すことができるため、日立オープンミドルウェア各製品を利用するクライアントや、ソリューションやサービスを提供するパートナーまたはパートナー企業から高い信頼と評価を得ることができる。また、人材育成や技術者のテクニカルスキルを測る尺度としても活用できる。

0.1　JP1 認定資格制度とは

　　JP1認定資格制度とは、JP1のセールススキル、テクニカルスキルを認定する制度である。JP1認定資格には以下の5種類がある。

- JP1認定セールスコーディネーター（Certified JP1 Sales Coordinator）
- JP1認定エンジニア（Certified JP1 Engineer）
- JP1認定プロフェッショナル（Certified JP1 Professional）
- JP1認定コンサルタント（Certified JP1 Consultant）
- JP1認定シニアコンサルタント（Certified JP1 Senior Consultant）

　　JP1認定資格の体系を以下に示す。

0.1 JP1認定資格制度とは

図0.1　JP1認定資格体系

それぞれのJP1認定資格で認定されるスキルは以下のようになっている。

- **JP1認定セールスコーディネーター（Certified JP1 Sales Coordinator）**
  クライアントに対して最適なJP1の提案、見積もりができるセールススキルを習得したエンジニアを認定する。なお、この資格は販売パートナーおよび日立製作所の社員限定資格である。

- **JP1認定エンジニア（Certified JP1 Engineer）**
  JP1全般を理解しており、運用に必要なテクニカルスキルを習得したエンジニアを認定する。本書の読者が目指す資格である。

- **JP1認定プロフェッショナル（Certified JP1 Professional）**
  JP1の各カテゴリー製品の導入とシステム構築ができるテクニカルスキルを習得したエンジニアをカテゴリーごとに認定する。

3

- **JP1認定コンサルタント（Certified JP1 Consultant）**
  JP1各カテゴリー製品について、最適なコンサルテーションができるテクニカルスキルを習得したエンジニアをカテゴリーごとに認定する。

- **JP1認定シニアコンサルタント（Certified JP1 Senior Consultant）**
  JP1製品について、トータルソリューションを実現するためのコンサルテーションができるテクニカルスキルを習得したエンジニアを認定する。

認定資格者の特典

資格取得者は、JP1 Certifiedキット（認定書、認定ロゴデータなど）を申請すると入手できる。

- **認定ロゴデータの支給**
  認定ロゴデータは、名刺に刷り込んで使用できる。

図0.2　認定ロゴデータのサンプル

0.2 受験申し込みから認定までの流れ

- **認定資格会員向けサイトとメールで最新情報を提供**

  会員向けサイトやメールでの研修案内、バージョンアップなどの最新情報が配信される。認定ロゴシールの提供サービス、認定証発行サービスなども受けられる。

0.2 受験申し込みから認定までの流れ

受験の申し込みから合格発表までの流れは以下のようになっている。

1 受験申し込み → **2** 受験料の支払い → **3** 試験受験 → **4** 合格発表

試験は、株式会社日立インフォメーションアカデミーなどで実施している。受験可能な試験の種類はそれぞれで異なる。

株式会社日立インフォメーションアカデミーでの受験要領

試験日程については、JP1一般向けWebサイトに掲載される。また、申込書もJP1一般向けWebサイトから入手できる。指定された会場で受験する。受験の際は、開催1週間程度前に送付される受験票、および本人であることを証明できる顔写真付き証明書、筆記用具を忘れずに持参すること。

受験の申し込み／問い合わせ先
株式会社日立製作所 ICT事業統括本部
日立オープンミドルウェア技術者認定センター
お問い合わせ窓口：http://www.hitachi.co.jp/soft/cert/contact/

序章　JP1認定資格制度の概要

株式会社日立インフォメーションアカデミー以外での受験要領

　株式会社日立インフォメーションアカデミー以外でも受験可能となっている。土日や夜間の受験も可能で、試験はコンピュータを利用した選択肢形式となっている。受験可能な会社については、http://www.hitachi.co.jp/products/it/cert/middleware/exam.htmlを参照していただきたい。

合格発表

　合格者への通知は資格取得者会員向けサイトからメールにて配信される。

第1章
JP1の概要

この章では、システム運用の必要性、統合システム運用管理「JP1」の概要について解説する。

この章の内容

- 1.1 システム運用とは
- 1.2 統合システム運用管理「JP1」とは
- 1.3 JP1の理念
- 1.4 JP1の製品体系

第1章　JP1の概要

理解度チェック

- ☐ システム運用の必要性
- ☐ JP1とは
- ☐ JP1の理念
- ☐ JP1のコンセプトカテゴリー：3種類
- ☐ JP1の製品カテゴリー

1.1 システム運用とは

以下では、システム運用の必要性、ITILなどの内部統制のためのベストプラクティスが誕生した背景について説明する。

◆ システム運用の必要性

グローバル化や規制緩和の波、法制度の改正・施行など、企業情報システムを取り巻く環境は日々変化している。こういった環境に対応するため、企業の重要インフラである情報システムは、新たな戦略やサービスをタイムリーに実行できるよう柔軟性と俊敏性が求められている。こうした要求に即応できるかどうかが、経営課題としてますます重要になっている。そして、それを支える情報システムは高い信頼性を備え、安定して運用されていることが大前提となっているのである。

今日の企業情報システムにおいては、その基盤となるサーバ、ネットワーク、ストレージ、データベース、Webアプリケーションサーバ、アプリケーションパッケージなどは、いずれもマルチベンダー化しており、技術進歩も早くなってきている。

スピードや処理能力が求められるシステムでは最新の技術を用いるのが一般的だ。その一方、古い技術を用いたハードウェアやソフトウェアなども企業内には存在する。また、複数の業務システムでシステム構成は異なり、それらを維持・管理するには高度なノウハウが要求される。さらに、これらのシステムはリリースした時点で定められた運用品質（サービスレベル）を維持することが求められている。

このような背景から、システム運用は情報システムの要でありながら、その運用は企業の情報システム部門を中心とした担当者個人に依存したノウハウで維持しているのが現状だ。マルチベンダー化、サーバの高性能化が進み、システムの調達コストは下がったが、システム運用コストは逆にかさむ

第1章　JP1の概要

ようになっている。企業の運用に掛かるコストがシステムのライフサイクル全体の半分以上を含めるとまで言われているほどだ。担当者個人に依存したノウハウに頼らずに、最適な運用システムを構築することがすべての企業の共通課題となっている。

◖● ITILの出現

　そうした事情が大きく変わってきた。そのきっかけの1つとなったのがITIL（IT Infrastructure Library）というIT運用の体系的ガイドラインの導入である。

　世界的にITILに注目が高まっているのは、ベストプラクティス（事例から導かれた最適な指針）を参考にして、自社の運用を見直し、新たに設計することにより、担当者個人のノウハウに頼ったシステム運用から解放されるという期待があるためだ。しかし、ただ方法論だけを自社に取り入れたからといって、それでは運用コスト削減とサービス品質の維持・向上は期待できない。ITILに基づいてシステマチックに運用プロセスを機械化、つまり可能な限り自動化する必要がある。そのときに使われるのが、統合システム運用管理と呼ばれるソリューションである。

用語説明　⋫　ITIL

　1980年代の英国政府においては、ガイドラインをもとにしたITサービスの利用と提供が求められるようになり、ITサービスの方法論を整理する活動が行われた。そして、調査・研究が進められ、1986年に完成したのが現在のITILの基礎となるガイドラインである。

1.2 統合システム運用管理「JP1」とは

　JP1とは、統合システム運用管理ソフトウェアの総称で、システムの稼働状況監視から資産管理、ジョブのスケジューリング管理など、企業の情報システム運用で必要となる機能をほぼすべて備えていると言ってよい。対象とするシステムもUNIXやWindowsからLinuxまで、各種データベースやWebアプリケーションサーバのサポートと幅広く対応している。JP1は、これらの製品を含め、システム全体の高度なオペレーションを自動化可能にしている。

　JP1では、仮想化、クラウドに関連する機能など、時代に即した機能強化が図られている。また、ビジネスレベルでのPDCAサイクルを支援し、確実な運用をサポートしている。JP1は、人的ミスや不正が入り込む余地をなくし、ビジネスレベルのライフサイクルを見据えた高品質で確実なシステム運用を実現するミドルウェアとなっている。

用語説明　▶　仮想化

仮想化とは、サーバ、ストレージ、ネットワークなど、コンピュータシステムを構成するリソースを、物理的な構成に縛られず柔軟に分割したり統合したりすること。
たとえば、1台のサーバを複数台のサーバであるかのように論理的に分割し、それぞれに別々のOSやアプリケーションを動作させる。

用語説明　▶　クラウド

社内にサーバを置かずに各種システムをインターネット経由で利用したり、部署ごとにサーバを置かずに共有して利用する形態などがあり、この環境やシステムをクラウド環境、クラウドコンピューティングとも呼んでいる。

用語説明　▶　PDCAサイクル

当初PDCAサイクルは、生産管理や品質管理などの管理業務を計画どおりに、スムーズに進めるための管理手法として用いられた。ビジネスシーンにおいても、計画を立て、その計画どおりに実践し、結果を評価し、改善し、次につなげるというビジネスを常に改善していくために用いられる。

第1章　JP1の概要

上記で説明したサイクルが以下の4段階からなることから、その頭文字をつなげてPDCAと言う。

1. **Plan（計画）**：従来の実績や将来の予測などをもとにして業務計画を作成する。
2. **Do（実施・実行）**：計画に沿って業務を行う。
3. **Check（点検・評価）**：業務の実施が計画に沿っているかどうかを確認する。
4. **Action（処置・改善）**：実施が計画に沿っていない部分を調べて処置をする。

1.3 JP1の理念

　JP1は情報システムのサービス品質を高め、利用者のTCO（Total Cost of Ownership）削減を実現すべく、普遍的な理念として「Service Quality Management」を掲げている。この理念のもと、JP1はサービス品質向上に向けて、「効率的な運用」「確かな信頼」「さらなる安全」といった3つの価値を利用者に提供できるよう設計されている。

- **効率的な運用（Manageability）**
  日立製作所が培ったノウハウを活用し、さまざまなシーンで効率的なシステム運用を支え、ビジネスのスピードアップに貢献する。さらに、システム全体の運用を可視化・自動化することで管理負荷の軽減とコスト削減を支援する。

- **確かな信頼（Serviceability）**
  クラウドコンピューティングの利用や仮想化技術の適用といった環境の変化やビジネスの成長にすばやく対応し、止まらないビジネスを支援する。さらに、複雑化するシステム障害の予兆を未然に検知し、ビジネス環境を確かなものにすることで、企業のさらなる継続的な発展を支援する。

1.4　JP1の製品体系

● **さらなる安全（Security）**

企業が法律を遵守し、そのモラルを向上させるのに最適なビジネスモデルの実現を、システムの運用面からサポートする。

さらに、内外に潜むさまざまなセキュリティの脅威から企業情報システムを強固に守る。

1.4　JP1の製品体系

　JP1 Version 11は、これからの運用管理に求められる要件を満たすために「Automation」（オートメーション）、「Monitoring」（モニタリング）、「Compliance」（コンプライアンス）のコンセプトカテゴリーで編成されている。わかりやすく、導入しやすい製品体系になっている。

　JP1のコンセプトカテゴリーとしては、以下の3種類がある。

モニタリング

　システムを「止めない」コンセプトカテゴリーである。

　サービスおよびシステムの稼働状況を監視し、障害発生の予兆を見通すための、統合管理、ITサービス管理、パフォーマンス管理、ネットワーク管理の製品群で構成される。

オートメーション

　システム全体を「動かす」コンセプトカテゴリーである。

　業務やIT運用の自動化によって、人的ミスを防ぎ、高信頼なシステム運用を実現するため、IT運用自動化、ジョブ管理、バックアップ管理の製品群で構成される。

第1章　JP1の概要

コンプライアンス

　資産を「守る」コンセプトカテゴリーである。

　IT資産の一元管理とセキュリティリスクへの対応でコンプライアンスを徹底するため、資産・配布管理、セキュリティ管理の製品群から構成される。

事例　JP1のソリューション例

　JP1を用いたソリューション例を示す。ここでは、一般的なWebシステムを例に、どのような場面で運用管理製品が用いられているかを紹介する。

1. システムの構成

　AはクライアントPC群であり、インターネット接続されている。
　BはWebサーバであり、フロントアプリケーションを実行する。
　CはOLTP（On-Line Transaction Processing）サーバであり、バックエンドアプリケーションを実行する。
　Dはデータベースサーバである。
　EはABCDによってリアルタイムに処理された結果に基づき一括処理するサーバ（バッチサーバ）である。

2. 運用管理の役割

（ア）システム全体の稼働状況を1つの画面で集中監視。あらかじめ設定したポリシーに基づいて稼働情報を収集したり、警戒域や警告値に達した場合はアラームで通知したり、必要な処置を施す。

（イ）決められた日時、時間に業務を実行し、プラットフォームやソフトウェアの稼働状況を収集する。

（ウ）クライアントを管理する。ハードウェアやソフトウェアの管理に加え、セキュリティ対策を施す。

1.4 JP1の製品体系

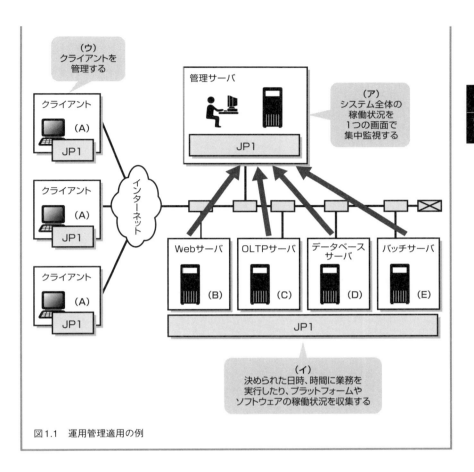

図1.1 運用管理適用の例

第1章　JP1の概要

練習問題

問題
1

JP1のコンセプトカテゴリーと製品カテゴリーで、適切な組み合わせはどれか。

○　**ア.** オートメーション － ネットワーク管理
○　**イ.** コンプライアンス － パフォーマンス管理
○　**ウ.** コンプライアンス － ジョブ管理
○　**エ.** 内部統制 － セキュリティ管理
○　**オ.** モニタリング － 統合管理

解 説

JP1は、3種類のコンセプトカテゴリーで構成されている。

1. **モニタリング：システムを「止めない」こと**
   統合管理、ITサービス管理、パフォーマンス管理、ネットワーク管理が対応カテゴリーである。
2. **オートメーション：システム全体を「動かす」こと**
   IT運用自動化、ジョブ管理、バックアップ管理が対応カテゴリーである。
3. **コンプライアンス：資産を「守る」こと**
   資産・配布管理、セキュリティ管理が対応カテゴリーである。

【ア】～【ウ】：組み合わせが間違っている。
【エ】：JP1のコンセプトカテゴリーに内部統制は存在しない。

解答	オ

16

第2章
モニタリング

この章では、サービスおよびシステムの稼働状況や障害発生の予兆を見通す「モニタリング」について解説する。

この章の内容

- 2.1　モニタリングの概要
- 2.2　統合管理
- 2.3　統合コンソール
- 2.4　IT運用分析
- 2.5　通報管理
- 2.6　監査証跡管理
- 2.7　ITサービス管理
- 2.8　ITプロセス管理
- 2.9　構成管理
- 2.10　パフォーマンス管理
- 2.11　サービスレベル管理
- 2.12　稼働性能管理
- 2.13　ネットワーク管理
- 2.14　ネットワークノードマネージャ
- 2.15　システムリソース/プロセスリソース管理
- 2.16　機器管理

第2章　モニタリング

理解度チェック

共通
- ☐ モニタリング
- ☐ モニタリングを構成する管理分野

統合コンソール
- ☐ 統合コンソール
- ☐ 事象（イベント）の一元管理
- ☐ システムの監視
- ☐ イベントのハンドリング
- ☐ エラー検知と自動アクション
- ☐ ガイド機能
- ☐ 統合機能メニュー
- ☐ 連携製品呼び出し
- ☐ イベントコンソール画面
- ☐ 監視ツリー画面
- ☐ ビジュアル監視画面
- ☐ フィルタの種類
- ☐ 相関イベント
- ☐ 重大度
- ☐ メッセージ変換
- ☐ 繰り返しイベント
- ☐ イベント対処/未対処表示

IT運用分析
- ☐ 構成情報の自動収集
- ☐ 障害の状況把握
- ☐ 障害の分析

通報管理
- ☐ 通報管理
- ☐ ネットワークに接続したPCに通知
- ☐ パトロールランプ（信号灯）通知
- ☐ トリガフォン通知
- ☐ 運用支援機能

監査証跡管理
- ☐ 監査証跡管理
- ☐ 証跡記録の収集

- ☐ バックアップ／保管履歴の概要
- ☐ 証跡記録の検索

ITプロセス管理
- ☐ ITプロセス管理
- ☐ 作業記録の一元管理
- ☐ 案件の進捗管理
- ☐ インシデントの自動登録
- ☐ 運用レポート出力

構成管理
- ☐ システム構成の可視化
- ☐ システム構成の変更管理

サービスレベル管理
- ☐ リアルタイム監視
- ☐ 監視サービスの自動検出
- ☐ 定期評価レポート
- ☐ サイレント障害
- ☐ 予兆検知の種類
- ☐ 問題調査

稼働性能管理
- ☐ 監視テンプレート
- ☐ エージェントレス監視
- ☐ システム情報サマリ監視
- ☐ レポートのタイリング表示
- ☐ 監視エージェントの種類

ネットワーク管理
- ☐ ネットワークノードマネージャ
- ☐ ネットワークの構成管理
- ☐ ネットワークの障害管理
- ☐ 高度なネットワーク管理
- ☐ ネットワークノードマネージャ
  開発者ツールキット
- ☐ システムリソース/プロセスリソース管理
- ☐ 機器管理

2.1 モニタリングの概要

　JP1のモニタリング機能は、ビジネスの観点からシステム全体を監視するため、障害やその予兆をすばやく発見できるだけでなく、その影響範囲を予測し対処することができる。サービスレベルを維持する監視機能と、対処ノウハウのシステム化を融合させた高度な自律型システムへと成長させることを目指している。さらに、ITシステムの運用プロセスをITILに基づいて統制することで、正しい運用に基づくシステムの安定稼働を支援できるようになっている。

　JP1のモニタリングは、「監視」「原因究明・分析」「対応」の3つのフェーズで監視運用サイクルを実現する。

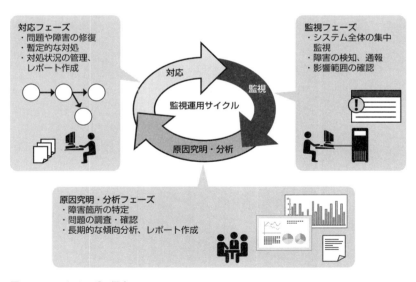

図2.1　モニタリングの概念

　JP1のモニタリングは、「統合管理」、「ITサービス管理」、「パフォーマンス管理」、「ネットワーク管理」という製品カテゴリーで構成されている。

第2章　モニタリング

表2.1 モニタリングを構成する管理分野

管理分野	機能	概要
統合管理	統合コンソール	システム全体をJP1イベントにより集中監視する。また、システムで発生した事象の監視から、問題の検知、調査、対策までの一連の運用サイクルを、統合コンソールを基点に統合する
	IT運用分析	仮想環境やクラウドを利用して集約されたIT基盤の障害時の調査、復旧作業の迅速化を支援する
	通報管理	システムの障害や問題の発生を迅速・確実に通知する
	監査証跡管理	日々の業務の運用や変更に伴うログ（監査証跡）を収集し、監査を支援する
ITサービス管理	ITプロセス管理	問い合わせや障害などの案件に、正しいプロセスで効率よく対処できるようにする
	構成管理	システムの構成管理を効率化する
パフォーマンス管理	サービスレベル管理	利用者視点でサービス性能を評価する
	稼働性能管理	システム性能を監視し、システムを安定稼働させる
ネットワーク管理	ネットワークノードマネージャ	ネットワークの集中管理と迅速な障害対応を実現する
	システムリソース/プロセスリソース管理	サーバのシステムリソースの収集やプロセス・サービスの稼働状態を監視する
	機器管理	実物イメージの画面による機器の監視を行う

2.2 統合管理

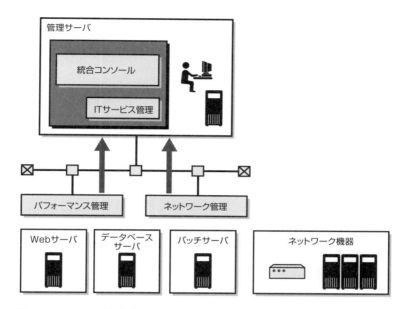

図2.2　モニタリングを構成する管理分野の概念

2.2 統合管理

　統合管理は、監視対象から収集した管理情報を1台のコンソール画面に表示し、企業情報システム全体の稼働状況をリアルタイムに監視する。

　統合管理の構成を図2.3に示し、統合管理を構成する製品の概要を表2.2に示す。

第2章 モニタリング

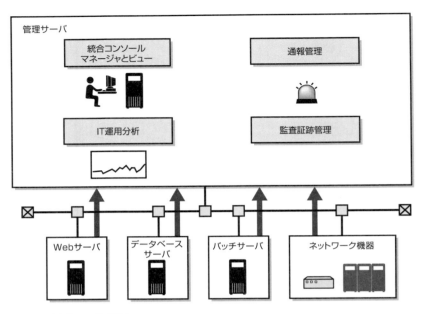

図2.3 統合管理の構成概念

表2.2 統合管理を構成する主な製品の概要

製品	製品名	概要
統合コンソール	JP1/Integrated Management	システム全体をJP1イベントにより集中監視する。また、システムで発生した事象の監視から、問題の検知、調査、対策までの一連の運用サイクルを、統合コンソールを基点に統合する
IT運用分析	JP1/Operations Analytics	仮想環境やクラウドを利用して集約されたIT基盤の障害時の調査、復旧作業の迅速化を支援する
通報管理	JP1/TELstaff	システムの障害や問題の発生を迅速・確実に知らせる
監査証跡管理	JP1/Audit Management	日々の業務の運用や変更に伴うログ（監査証跡）を収集し、監査を支援する

用語説明 ➡ JP1イベント

システムで発生した「業務の実行エラー」「システムリソース不足」などの管理が必要な事象のことを「イベント」と呼ぶ。JP1シリーズの各製品は、運用中に発生した事象を「JP1イベント」として発行し、JP1管理基盤（JP1/Base）を経由して、ほかのシステムに通知する。JP1はSNMPトラップ、ログファイル上のメッセージ、WindowsのイベントログなどをJP1イベントに変換する機能を持ち、シリーズ製品による事象をJP1イベントとして一元管理する。さらに、別の製品で扱われる事象もJP1に取り込めるため、システムで発生するさまざまな事象をトータルに管理できる。

●ここがポイント！

統合管理は、システム全体を見渡す製品である。
システムの稼働監視は多くの関連製品と連携して行われる。その機能分担を理解しておくこと。
システムの状況を監視するだけではなく、その監視結果から、必要な対処・対策を行う。対策を支援する機能についても理解しておくこと。

2.3 統合コンソール
：JP1/Integrated Management

　統合コンソールは、多数のサーバや各種アプリケーションプログラムからなるシステムを、効率よく一元監視する。業務アプリケーション、サーバ、プロセス、メモリなどの稼働状況を、システム管理者の目的や視点に合った形（サーバ単位や業務単位）でグループ化し、監視ツリー、イベントコンソール、ビジュアル監視画面で監視可能にする。エラーを通知したり、対策を支援したりする機能もある。

　主な機能を以下に示す。

表2.3　統合コンソールの機能

機能	概要
イベントの一元管理	システムで発生したさまざまな事象（イベント）を、JP1イベントとして一元的に管理する

（次ページへ続く）

第2章　モニタリング

機能	概要
システムの監視	イベントコンソール画面、監視ツリー画面、ビジュアル監視画面を中心にシステム全体を監視する
イベントのハンドリング	フィルタリング、相関イベント、繰り返しイベントにより、重要イベントを見逃さないようにする
エラー検知と自動アクション	エラーは画面上でオペレータに通知する。重要イベントが発生したときは、画面上のアラームランプの点滅で知らせる ● エラーの通知方法の1つとして、通報管理と連携して各種媒体で通知する方法もある ● エラーを検知したときに自動で任意のコマンドを実行できる
対処支援	● ガイド機能 ● 統合機能メニュー ● 連携製品呼び出し
メッセージ変換	アプリケーションによって異なるメッセージフォーマットを、任意のフォーマットに統一できる

システムで発生した事象の一元管理

　システムで発生したさまざまな事象はJP1イベントとしてデータベースに格納され、一元管理される。事象を一元管理することにより、問題発生の予兆の把握と対処が可能になる。

　各監視対象で事象が発生すると、マネージャのJP1イベントを保管するデータベースに記録する。対象となるイベントとして以下のものがある。

● **システムのイベント**

　JP1イベントへの変換機能によって、SNMPトラップ、ログファイル上のメッセージ、Windowsイベントログ、UNIXおよびLinuxのsyslogなどを、JP1イベントに変換して管理する。

● **ユーザのイベント**

　ユーザアプリケーションで発生した事象を、コマンドやAPI（アプリケーションインタフェース）によってJP1イベントを発行して管理する。特定のエラーメッセージなどをJP1イベントへ変換する。

2.3 統合コンソール

- **業務やリソースなどのイベント**
  業務の監視はジョブ管理と連携し、サーバ、プロセス、リソースの監視は稼働性能管理と連携して動作する。

- **エージェント監視とエージェントレス監視**
  監視対象サーバにエージェントをインストールして監視することも、エージェントをインストールせずに監視することも、両方を混在させることもできる。

システムで発生した事象をJP1イベントとして一元管理することで、問題発生をいち早く検知できる。

解説 ⇨ エージェント監視とエージェントレス監視の違い

- エージェントレス監視の場合、監視マネージャ側に負荷がかかる。
- エージェントレス監視の場合、インストール作業が発生しないため、監視対象の業務システムを止める必要がない。
- ミッションクリティカルなサーバの監視が必要な場合は、エージェント監視のほうがよい。

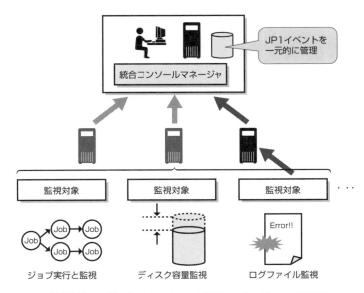

図2.4　監視対象から送られてくるイベント情報をマネージャで一元管理

第2章　モニタリング

システムの監視

統合コンソールでは、イベントコンソール画面、監視ツリー画面、ビジュアル監視画面を中心にシステム監視する。

イベントコンソール画面

イベントコンソール画面では、システムで発生する事象を監視できる。イベントの重大度に応じてカラーリングされるため、重要なイベントがひと目で特定できる。なお、問題発生時に自動アクションによって管理者に通報するよう設定しておけば、画面を見続ける必要はない。

さらに、イベント情報はCSVファイルに出力できるので、当日の事象レポートとしても利用できる。

図2.5　イベントコンソール画面

イベントコンソール画面ではJP1イベントの属性である重大度にアイコンを付加して、ビジュアルに識別できるようになっている（表2.4）。

2.3 統合コンソール

表2.4 重大度アイコン

アイコン	意味	アイコン	意味
✗	緊急	☁	警告
✗	警戒	💬	通知
??	致命的	💭	情報
●	エラー	D	デバッグ

監視ツリー画面

システム上に分散する業務や、サーバ、プロセス、リソースなどをグループ化して監視できる。

監視対象のグループ化、追加および移動などをドラッグ＆ドロップで自在にカスタマイズしてシステム管理者の目的に合わせた構成にすることができる。さらに、システム管理者の目的や視点（業務指向ツリー、サーバ指向ツ

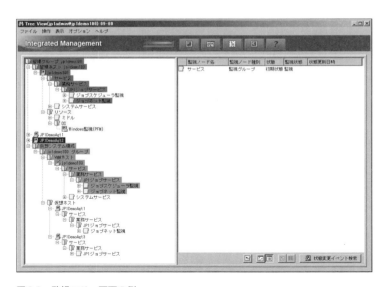

図2.6 監視ツリー画面の例

第2章 モニタリング

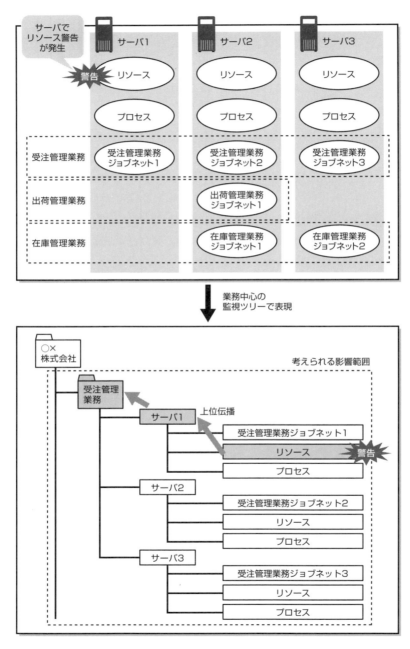

図2.7 監視ツリーの概念

リーなど）に合わせてグループ化した監視ツリーのテンプレートを用意して
いるため、このテンプレートを管理目的に沿って選ぶだけで、監視対象を自
動的に発見し、監視ツリーを自動生成することができる。また、運用中にシ
ステム内のサーバを追加する場合でも、監視ツリーの差分情報を自動で取得
できる。

> **事例** **監視ツリー**
>
> 監視ツリーの利用例として、以下のようなものがある。
>
> **障害の影響範囲の予測と未然防止**
> 障害発生状態を示すアイコンをたどるだけで、障害原因となるサーバ
> や連携しているアプリケーションの特定、グループ上で影響を受ける業
> 務など、その障害の影響範囲が予測でき、障害の連鎖を未然に防止でき
> る。障害発生状態は、監視対象グループ中の監視ツリーに上位伝播し、
> 影響する範囲をひと目で把握できる。
>
> **ユーザ単位での監視**
> ユーザごとに管理する業務に応じた監視画面を作成できる。ユーザに
> 関連する業務の状態だけが表示されるので、障害を迅速に検知できる。

ビジュアル監視画面

重点的に監視が必要なポイントがある場合などは、ビジュアル監視画面を
作成する。ビジュアル監視画面は、業務構成図や地図など、任意の画像上に
監視オブジェクトを配置した画面である。これにより、監視ターゲットが直
感的に監視できる。

ビジュアル監視画面の作成は、監視ツリー画面から監視したい業務やサー
バをドラッグ＆ドロップで貼り付けるだけである。さらに、監視対象のアイ
コンは任意のサイズで作成できるため、大画面のモニタを使用した障害監視
でも明瞭に表示できる。

第2章　モニタリング

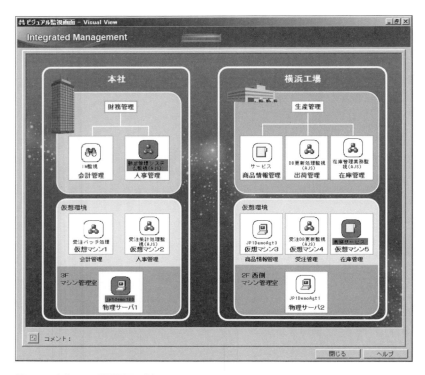

図2.8　ビジュアル監視画面の例

監視画面の効果として、以下のものがある。

- システム全体を示すビジュアル監視画面の監視オブジェクトであるアイコンから、監視ツリー画面が連動して表示されるため、障害が発生した場合、アイコンをたどるだけで影響範囲を特定できる。
- 画面同士の連動により、監視対象が膨大でツリーが複雑になってしまうシステムも効率的に監視できる。
- 地図や部署レイアウトなど任意の画像を監視画面の背景にしたり、監視対象間の関連を表すためにアイコンを重ね合わせて表示できるため、より現実の配置に近い画面で直感的な監視を実現できる。

IM構成管理画面

大規模システムでは管理対象のサーバ構成を把握するのが容易でなく、システム規模が大きくなるほど運用コストが増大する傾向がある。IM構成管理画面ではサーバ構成を使いやすいGUI画面で設定・管理できる。

- **監視対象の稼働確認とプロファイル設定**
  監視対象のサービスが正常に稼働しているかどうかを確認でき、マネージャ側からエージェントのプロファイルを設定できる。

- **仮想環境の構成も管理**
  仮想環境の監視ツリーも簡単に作成できる。

イベントのハンドリング

システムで発生したJP1イベントを一元管理する際に、単にすべてを収集するだけではシステム全体で膨大な数になる。イベント数が多いと重要イベントが埋もれてしまい、運用管理者の負担は増加する。このため、イベントのフィルタリングや集約する機能を備えている。

フィルタ

JP1が備えているフィルタの種類を以下に示す。

表2.5　フィルタの種類

フィルタ	説明
転送フィルタ	エージェントでイベントが発生したとき、どのイベントをどのマネージャに転送（報告）するかを設定できる。この設定で不要なイベントはマネージャに送られず、ネットワークやサーバへの負荷を抑えることができる
イベント取得フィルタ	イベントサービスからイベントを取得するときのフィルタ条件を設定する。たとえば、正常イベントを大量に発行する製品を運用する場合、システムの運用監視に必要なJP1イベントが埋もれてしまわないように、正常または無視してよいと判断したイベントを収集しないように設定できる

（次ページへ続く）

フィルタ	説明
ユーザフィルタ	ユーザの権限、業務などによって表示するイベントを制限したいときに利用する。ユーザがログインしたときに見ることができるイベントの種類を設定して画面表示を制限する
重要イベントフィルタ	イベントコンソール画面の［重要イベント］ページに表示させるイベントを定義するフィルタ。多くのイベント中に重要なイベントが埋もれてしまわないように、重要イベントを定義して別表示するために用いる。重要イベントが発生すると、監視画面のアラームランプが点滅し、ユーザに重要イベントが発生したことを通知する
表示フィルタ	イベントコンソール画面の［イベント監視］ページに表示されるJP1イベントのうち、一時的に特定のJP1イベントだけを表示するときに使用する

相関イベント

　システムで発生した問題には、複数の事象（JP1イベント）が発生することによって初めて特定できるものがある。このようにある問題を特定するために必要な関連性を持つ複数のJP1イベントが発行されたことを契機に、新しいJP1イベント（相関イベント）を発行できる。JP1イベント同士の関連付けや発行する相関イベントについてはユーザが任意に定義できる。障害の要因として可能性のあるJP1イベントをまとめることで、原因究明にかかる調査などの時間を短縮できる。

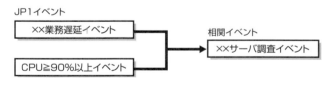

図2.9　条件に従って相関イベントを発行

2.3 統合コンソール

事例　相関イベント

　クラスタリングしているWebサーバを統合コンソールによって管理していたとする。ここでWebサーバの実行系がダウンしてもそれは想定内の障害であり、慌てることはない。しかし、運悪くWebサーバの実行系および待機系の2台のサーバで、連続して障害が発生した場合、Webサーバが提供しているサービスが停止してしまう。

　このとき、実行系の障害発生を通知するJP1イベント、および待機系の障害発生を通知するJP1イベントを関連付け、相関イベントとして発行すれば、障害の重要性と緊急性が明確にできる。

　以下の図では、上記のWebサーバの例を用いて、相関イベント、相関イベント発行定義および相関元イベントの関係を示している。

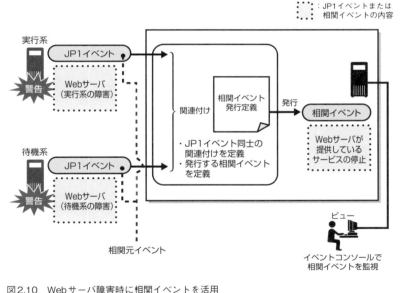

図2.10　Webサーバ障害時に相関イベントを活用

第2章　モニタリング

繰り返しイベント

同一内容のJP1イベントが連続して発行された場合、それらの複数のJP1イベントを集約して表示できる。この機能を使用すると、短時間に同一内容のイベントが大量に発行されても、1つのエラーとして集約できるため、ほかの重要なJP1イベントが埋もれて見落とされるのを防止できる。

イベント対処 / 未対処表示

重要イベントには、「🏁対処済」「▶処理中」「⏸保留」および「未対処」の4種類の対処状況をユーザ側で設定できる。これにより、未対処の重要イベントの放置を防げる。また、操作権限を設定することで、権限のあるユーザだけがイベント対処状況を変更できる。

特定イベントの除外

メンテナンス中のサーバを一時的に監視対象外にするなど、特定のイベントを除外条件として設定できる。

イベントの検索

イベント発生日時、発行元、イベントの識別子、重要度、対処状況など、さまざまな条件でイベントを検索し、表示できる。また、監視対象を絞り込む機能もある。たとえば、監視対象名、監視対象の種類、イベントの状態、監視状態などをキーワードとして検索できる。

◖●エラー検知と自動アクション

問題が発生した場合は、コマンドを発行することにより、次にとるアクションを設定できる。自動アクションには、以下の種類がある。

- **イベント単位の自動アクション**
  特定イベントの受信を契機に自動アクションを設定できる。自動アクションの定義には、イベントIDだけでなく、メッセージテキストや属性値も指

2.3 統合コンソール

定できるため、さまざまなイベントに対応した処理を自動化できる。

- **業務単位の自動アクション**

  業務（監視グループ）単位で自動アクションを設定できる。イベント発生を契機にアクションを実行するのではなく、監視グループが異常状態になったのを契機として、あらかじめ設定しておいたアクションを実行する。たとえば、あるサーバでリソース不足が発生した場合、サーバを問わず関連業務を保留状態にすることで障害の連鎖を未然に防止できる。

- **監視対象での自動アクション（ローカルアクション機能）**

  監視対象で障害が起こった場合に回復処理などのコマンドをローカルに（監視対象のエージェントで）自動実行できる。これによって、マネージャの負荷集中時に発生するスループットの低下を防止できる。

- **通報の自動アクション**

  通報管理と連携することで、PCのデスクトップ画面上にメッセージを表示したり、警告音を鳴動したりする方法で、障害や問題点をリアルタイムに通報できる。また、パトロールランプ、携帯電話、電子メールなどを使用することで、目的に応じた通報が可能となる。これにより、重要イベントのシステム管理者への通報が確実なものになる。

自動アクションの状態表示

実行した自動アクションは状態（成功・失敗・実行中）が表示されるため、ユーザはそれらを参照して自動アクションの再実行やキャンセルを判断できる。

◤● 対処支援

統合コンソールには、問題や障害への対処をスムーズに行えるように対処支援機能が搭載されている。

35

ガイド機能

障害が発生した際に、あらかじめ登録しておいた対処方法を表示することで、迅速な障害復旧をサポートする。対処方法は、障害の内容に合わせて表示されるため、システムの障害レベルに応じた対処方法を参照できる。対処方法はテキストに加えHTML形式で表示されるため、文字の大きさや色を変えて強調するなど、見やすく表示できる。また、業務運用マニュアルなど、障害復旧の参考となるWebページへのリンクを設定できる。

統合機能メニュー

統合機能メニューを使うと、システム管理に必要な連携製品の画面を簡単に呼び出せる。JP1の基本機能は、標準でツリー階層メニューとして提供されている。頻繁に利用するシステムやアプリケーションを機能ツリーに登録すれば、ユーザ独自の統合機能メニューを作成できる。

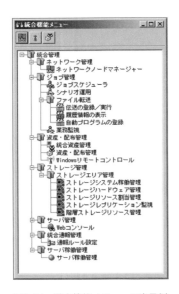

図2.11 統合機能メニューの表示例

連携製品呼び出し（イベントモニタ起動）

イベントコンソール画面からは、受信したイベントに関連する連携製品の管理画面を呼び出せる。これにより、イベントに関する詳細情報を速やかに確認し、原因を追及することが可能になる。

メッセージ変換

アプリケーションによって異なるメッセージフォーマットを、任意のフォーマットに統一できる。たとえば、日付や時刻の情報とメッセージの表示位置を揃え、メッセージを見やすくできる。これは、システム単位で統一できる。

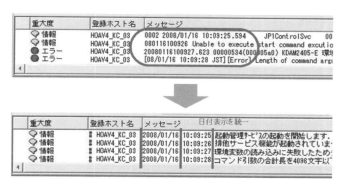

図2.12　メッセージフォーマット変換例

2.4　IT運用分析
: JP1/Operations Analytics

IT運用分析は、仮想環境やクラウドを利用して集約されたIT基盤に障害が発生したとき、多角的な調査・分析で復旧作業を迅速化するための製品である。

第2章　モニタリング

　仮想環境やクラウドの活用はコスト削減を可能にする一方、IT基盤はより複雑化し、管理者は幅広い管理対象の知識とその障害対応スキルを求められるようになってきている。IT運用分析は、IT基盤を構成するサーバ、スイッチ、ストレージなどの管理対象を自動で把握し、それらを利用する業務システムとの関連性を可視化することができる。このため、障害が発生しても早期の切り分けを可能にし、業務システムの重要度に応じた的確な初動を判断できる。また、多角的な分析機能を多く取り揃えているので、難易度の高い障害対応を容易にし、調査から復旧作業に至るまでの一連の作業が可能である。

●IT運用分析の構成

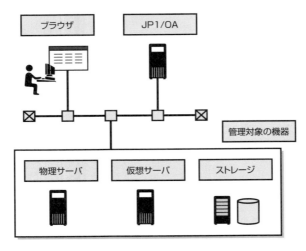

図2.13　IT運用分析の構成

2.4 IT運用分析

◆ 構成情報の自動収集

仮想環境やクラウドの利用によって変化するIT基盤の構成を自動的に収集して表示するため、管理者が管理台帳などを確認する手間を省くことができる。

◆ 障害の状況把握

IT基盤からの視点だけではなく、業務システムからの視点で顕在化している障害をひと目で把握できるため、障害発生時でも適切な判断と対処ができる。業務重要度別の障害状況（業務視点）、システムのサーバやボリューム別の状況（IT基盤視点）など、見たいレポート（監視ウィジェット）だけをダッシュボード画面に配置できる。

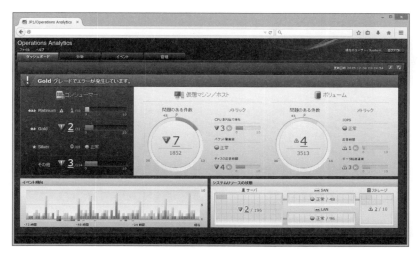

図2.14　ダッシュボード画面

◆ 障害に関連のある情報の自動抽出

障害発生箇所と関連がある情報だけをE2E View画面に表示するため、業務システムへの影響範囲の確認と関係者への一報を迅速化できる。また、台帳の更新漏れや熟練者不在などが原因で障害対応が遅れることも防ぐことができる。

図2.15　E2E View画面

◆ 障害の分析

運用熟練者のノウハウや分析手順を元に設計された多角的な分析機能により、必要な情報だけを整理して画面に表示するため、熟練者でなくても障害分析を容易に行える。ボトルネック分析画面では性能情報を同じ時間軸で

並べてグラフ表示するため、傾向の比較が容易にできる。

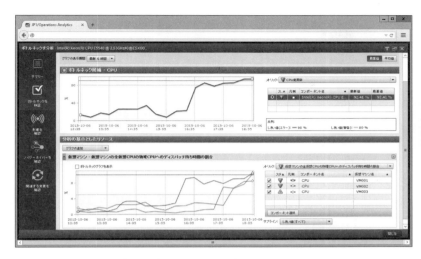

図2.16　ボトルネック分析画面（Verify Bottleneck）

● 過去の変更と性能情報を同じ時間軸で表示

　過去に実施した構成の変更と性能の傾向を突き合わせて、因果関係を確認できる。また障害を引き起こした「変更」を特定することで、的確な対処ができる。

第2章 モニタリング

図2.17 ボトルネック分析画面（Check Related Changes）

事例　監視項目の例

- **仮想サーバ・物理サーバ**
  構成・性能情報の取得成否、CPU使用率、メモリ使用率、ディスク空き容量、ディスクI/O速度、パケット送受信量など

- **ストレージ**
  構成・性能情報の取得成否、ボリュームのデータ転送量、IOPS（1秒間にディスクを読み書きできる回数）など

- **スイッチ**
  構成・性能情報の取得成否、ポート単位のパケット送受信量、エラーパケット数 など

2.5 通報管理
：JP1/TELstaff

通報管理は、統合コンソールの運用中に発生した事象の中から、問題（業務運用の異常やネットワーク障害など）となるイベントをオペレータに確実に通知するための機能を提供する。

主な通報手段として以下のものがある。

- **ネットワークに接続したPCへの通知**
    ① 電子メール通知
    ② 画面を信号灯のように表示、ポップアップで通知など
- **パトロールランプ通知**
- **トリガフォン通知**

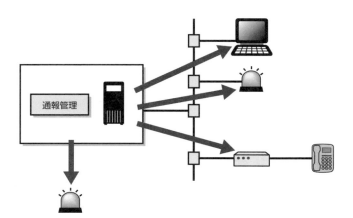

図2.18　通報手段

第2章　モニタリング

◣◉ 通報手段

通報手段の詳細を以下で説明する。

ネットワークに接続したPC

ネットワーク接続した遠隔地のPCに、電子メール通知、デスクトップ通知、音声通知ができる。

- **電子メール通知**
  市販のメールソフトに電子メールで通知する。

- **デスクトップ通知**
  PC画面にメッセージを表示して通知する。PC画面を信号灯のような色を使用して通知する。PC画面の壁紙を変更して通知する。PC画面のポップアップウィンドウで通知する。

- **音声通知**
  PCに警告音・音声（WAVファイル）で通知する。

パトロールランプ（信号灯）

ネットワーク対応型パトロールランプまたはPC接続型（RS-232Cインタフェース）パトロールランプを使って通報する。

トリガフォン

電話に文字情報を音声で通知する。

◣◉ 運用支援機能

運用支援機能として、通報スケジュールや統計情報の出力機能がある。主な運用支援機能を以下に示す。

表2.6　運用支援機能

機能	概要
グループ通報	グループ内の誰かが通報を確認すれば、以降の通報を中止でき、不要な通報を止めることができる。通報が確認されないときは、次のグループへと通報のエスカレーションができる
スケジュール	発信抑止時間帯の設定や休日、平日の使い分けができるため、オペレータのシフトに合わせた通報システムを構築できる。このスケジュール機能で時間帯によって通知メディアを使い分けができる。たとえば、昼間はパトロールランプの点灯を使用し、夜間や休日は携帯電話に通知するなど
連絡網	通報範囲を設定でき、問題要因に合った連絡網へ通報できる。連絡網グループを複数用意することができるため、月曜日運用での連絡体制、火曜日運用での連絡体制のように、曜日に合わせた連絡網を設定できる
統計情報	発信結果など、統計情報を記録して管理情報を出力する。発信の実績管理や発生頻度の把握、分析を支援する

2.6 監査証跡管理
: JP1/Audit Management

　内部統制が機能していることを証明するために、必要とされる監査証跡（証跡記録）を収集・管理し、長期間にわたる保管を実現する。

　内部統制に基づいて、企業内の各ITシステムが許可された権限で正しく操作・実行されているかどうかなど、企業内の内部統制が規則どおりに機能していることを証明するために必要な証跡記録を収集し、一元管理や長期間にわたる保管管理を実現する。

第2章　モニタリング

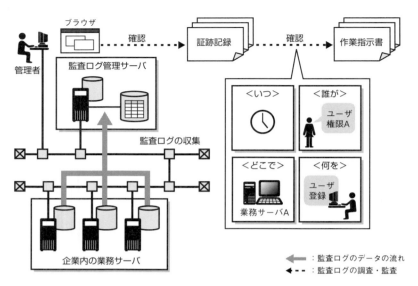

図2.19　監査証跡管理の概要

主な機能として以下のものがある。

- **証跡記録の収集**

  監査証跡管理では、企業内に分散している業務サーバが出力する内部統制の証跡記録を収集し、一元管理する。この内部統制の証跡記録として出力されるログのことを監査ログと呼ぶ。一元管理されている監査ログと、業務規則書や作業指示書などのさまざまな資料とを照合することで、「いつ」「誰が」「どのような権限で」「どこから」「何をした」かといった内部統制の評価や監査に有効な情報を確認できる。

- **バックアップ/保管履歴の管理**

  長期保管が必要となる監査証跡のバックアップ効率を上げるため、収集された証跡記録は一定期間ごとに分割してバックアップできる。その際は、「いつからいつまでの証跡記録」を「どんなファイル名で保管したか」の情報やアクセス履歴も管理できる。これにより、過去の証跡記録を参照する際は、その証跡記録の発生時期から復元すべき対象を特定できる。

2.7 ITサービス管理

- **証跡記録の検索**

  任意の検索条件を指定して証跡記録を検索できる。検索条件を保存して、次回の評価・監査時にも利用できる。また、検索結果はCSV形式ファイルまたはPDF形式ファイルのデータとして出力可能である。

- **証跡記録のレポート**

  収集した監査ログを監査ログ集計画面で集計し、集計結果を一覧表示したり、グラフで表示することができる。監査証跡管理（JP1/Audit Management）自体も監査ログを出力しており、ほかのサーバから出力される監査ログと同様に、監査証跡管理システムで監査ログを収集できる。

- **内部統制の有効性評価や監査時に利用**

  過去の証跡記録を参照することで、あらかじめ規定されているルールどおりに業務が行われているかどうかを検証できる。自動出力される証跡データは、人手を介する記録より信頼性が高いことから、少ないテスト、サンプル抽出で評価・監査できるため、評価・監査時の負担を軽減できる。

2.7 ITサービス管理

　ITサービス管理は、ITシステムの運用プロセスをITILに基づいて統制することで、正しい運用に基づくシステムの安定稼働を支援する。

　ITサービス管理の構成を図2.20に示し、ITサービス管理を構成する製品の概要を表2.7に示す。

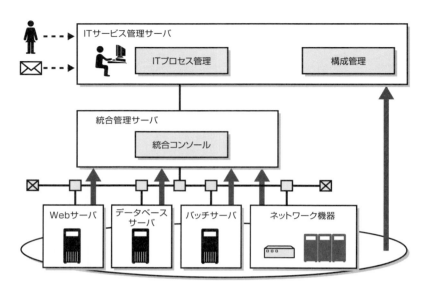

図2.20 ITサービス管理の構成概念

表2.7 ITサービス管理を構成する製品の概要

製品	製品名	概要
ITプロセス管理	JP1/Service Support	問い合わせや障害などの案件に、正しいプロセスで効率よく対処できるようにする
構成管理	JP1/Universal CMDB	システムの構成管理を効率化する

2.8 ITプロセス管理
：JP1/Service Support

　ITプロセス管理は、ITIL（IT Infrastructure Library）サービスサポートで規定されている、インシデント管理、問題管理、変更管理、リリース管理からなる各プロセスを一元管理し、ITILの実践を促進する。

2.8 ITプロセス管理

　ITプロセス管理を使用することで、ITILの考えに基づいた構築・運用業務の流れを可視化でき、構築・運用業務に携わる担当者は情報を共有できるようになる。

　ITプロセス管理は、各種画面を表示するブラウザと、ITプロセス管理製品を稼働させるサーバだけの環境で使用できる。さらに、ITプロセス管理は、統合コンソール（JP1/Integrated Management）や構成管理（JP1/Universal CMDB）と連携してシステム全般の案件（インシデント）管理もできる。

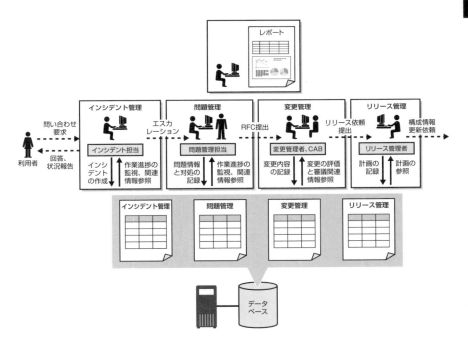

図2.21　ITプロセス管理の概要

第2章　モニタリング

ITIL サービスサポート

　通常、IT システムの日々の運用では、システムを利用するユーザからの問い合わせやシステム障害に対し、迅速な対応が求められる。しかし、回避策を早急に提示する必要がある一方で、根本原因の究明と、必要に応じたシステム変更などの抜本的な対策を立てる必要もある。これらを単一部署で実施しようとすると、無理が生じ、対応の遅れが発生する要因となることもある。
　作業の効率化、アウトプットの迅速化を図るため、ユーザへの回避策を提示するプロセス、根本原因を調査して解決策を提示するプロセス、システムの変更の審議、計画立案をするプロセスなど、作業内容に合わせてプロセスを分け、問題を解決する。

ITILで定義されている各プロセス

　ITILでは、以下のプロセスが定義されている。

- **インシデント管理**
  ユーザからの問い合わせやシステムの正常な運用を妨げる事象をインシデントとして管理する。問い合わせに対しては適切な回答を、また、事象に対しては回避策を早急に提示する。インシデント管理プロセスで対応困難なものについては問題管理プロセスに対応を依頼する。

用語説明 ➡ **インシデント**

インシデントとは、ITサービスの品質を低下させたり、システムの正常な運用を妨げたりする障害事象の単位を指す。製品などのユーザサポートや問い合わせ窓口などでの対応回数の単位を指す場合もある。なお、「案件」とは、インシデントを含む、ITプロセス管理での管理単位である。

- **問題管理**
  問い合わせやシステム障害などを機に、原因追及が必要と判断したものを問題点として管理する。問題点の根本原因を調査し、恒久的な解決策

を導き出す。このとき、インシデント管理プロセスへのフィードバックが必要であればインシデント管理プロセスに対応を依頼する。また、ユーザに提供しているドキュメントやシステム自体に変更が必要であれば、変更要求（Request For Change：RFC）を発行し、変更管理プロセスに対応を依頼する。

- **変更管理**
  変更要求の発行を受け、変更による障害発生リスクや業務への影響度を考慮に入れた上で、変更内容の審議と変更計画の立案をする。通常、この審議、変更計画の立案には、システム構築、運用に携わる有識者やシステムの利用ユーザなどが加わる。これをITILでは変更諮問委員会（ChangeAdvisory Board：CAB）メンバーと呼び、審議、変更計画の立案をする会議を変更諮問委員会（CAB）会議と呼ぶ。会議の結果、変更計画が決まれば、リリース管理プロセスに連絡、対応を依頼する。また、問題管理プロセスに、変更要求の結果を連絡する。

- **リリース管理**
  変更計画に基づき、対象システムに対する実装計画を立てる。また、実装計画に基づき、構築、テスト、実装を実施する。実装したあとは、変更管理プロセス、構成管理プロセスに実装したことを連絡する。

- **構成管理**
  管理の対象となっているシステムの構成情報を管理する。構成情報には、ハードウェア、ソフトウェアなどの情報が蓄積・関連付けられ、ほかのプロセスから必要に応じて参照される。なお、リリース管理プロセスによってシステム変更が実施された場合には、構成管理プロセスの対応者が最新の構成情報に更新する必要がある。

ITサービス管理機能

機能詳細を以下で説明していく。

作業記録の一元管理

利用者からの問い合わせや要求、システムで発生した事象（システム障害など）をインシデントとして登録する。必要に応じて、「問題管理」「変更管理」「リリース管理」にエスカレーションし、プロセス間で関連性を持たせることで、ITILサービスサポートの各プロセスにおける作業記録を一元管理する。各プロセス間の情報が共有されることで、類似案件に対する迅速な対処が可能になる。

案件の進捗管理

各案件の実行状況を確認するための機能である（図2.22）。担当者は権限に応じて、担当案件の状況を監視し、進捗状況や滞留案件をチェックできる。また、作業期限が過ぎている案件は強調表示されるため、期限を超過した案件を簡単に確認できる。さらに案件状況確認画面では、システムおよびプロセスの両方の視点から案件状況を把握できるため、問題のあるシステムやプロセスの特定や、案件処理の優先度決定などに役立てることができる。

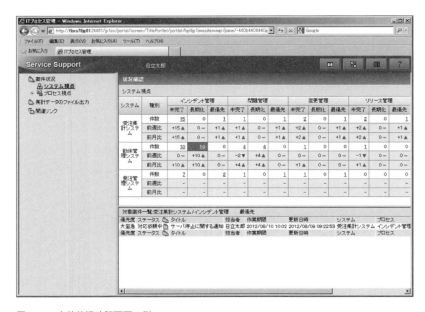

図2.22　案件状況確認画面の例

作業管理フォームのカスタマイズ

案件処理の汎用的な作業管理フォームを利用することで、すぐに運用を開始できる。また、顧客のシステムに合わせた作業管理フォームのカスタマイズができる。

プロセス間連携

各プロセスで使用する管理項目の情報は自動で引き継がれるので、プロセス間の連携に伴う作業負荷を低減できる。また、「変更管理から始める」「インシデント管理から変更管理へエスカレーションする」といった、運用に応じた作業の割り当てができる。さらに、次プロセスの作業者やチームに対して電子メールで通知できるため、対処漏れを防止できる。

インシデントの自動登録

統合コンソール（JP1/Integrated Management）で検知した複数のイベントをインシデントの1つとして自動登録できる。これにより重要インシデントの登録漏れを防止できる。

構成管理情報の参照

構成管理（JP1/Universal CMDB）と連携すると、ITILサービスサポートの各プロセスから仕掛かり中の案件の構成を確認できる。また、変更管理プロセスで構成変更による影響範囲を事前に確認したり、構成変更後の構成を確認したりできる。

運用レポート出力

発生した件数などの各種情報を集計して、日次/週次/月次での運用レポートを作成できる。また、解決までの平均所要時間、作業期限内の解決率などのKPI（Key Performance Indicator：重要業績評価指標）の数値化もできる以下のようなテンプレートが提供されている。

処理平均所要時間、作業期限内処理率、一次サポート解決率、問題分野の内訳、結果の内訳、要因の内訳、平均使用費用など

第2章 モニタリング

◆ ITILに基づいた案件処理の流れ

案件処理の流れを図2.23に沿って解説する。

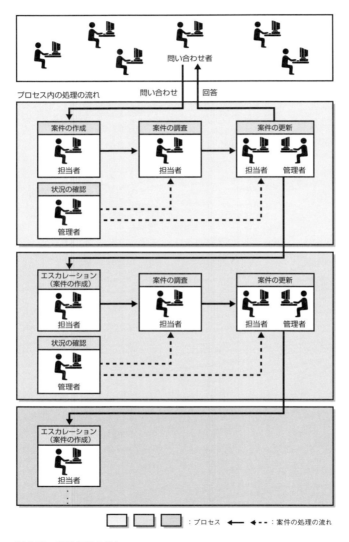

図2.23　案件処理の流れ

2.8 ITプロセス管理

- **案件の作成**

  問い合わせ者からの問い合わせやシステム内の障害などを管理するために、案件の担当者が必要な情報を入力して案件を作成する。

- **案件の調査**

  今回の案件と類似した案件がないか、案件の担当者が検索して調査する。

- **案件の更新**

  案件の担当者または管理者が、調査結果や作業内容を入力したり、作業状況に応じてステータスを変更したりして、案件を更新する。ステータスがクローズになったら、担当者が案件の内容をもとに問い合わせ者へ回答する。

- **状況の確認**

  案件の管理者が調査結果や更新された内容などを参照して、案件の状況を確認する。

- **エスカレーション**

  案件の担当者が、次のプロセスやほかの対象システムのプロセスに、案件をエスカレーションする。エスカレーション時には、案件の情報をもとに、必要な情報を入力して改めて案件を作成する。

事例 **ヘルプデスク**

ヘルプデスクがユーザからの問い合わせを受け、その問い合わせをインシデントとして登録し、対応をインシデント担当者に依頼する。

インシデント担当者はインシデントの内容を確認し、過去に類似案件がなかったかどうかを自身で調査するとともに、システム運用管理の有識者にも対応を依頼する。有識者はインシデントの内容を確認し、調査結果をインシデントに追記、更新する。

インシデント担当者は、調査結果をもとにインシデントの内容を更新し、インシデント管理者に承認を依頼する。インシデント管理者は、内容を確認したあと承認する。

第2章 モニタリング

　承認を受けたあと、インシデント担当者は、インシデントの内容を回答としてヘルプデスクに返信する。ヘルプデスクは、インシデント担当者からの回答をもとにユーザに回答する。

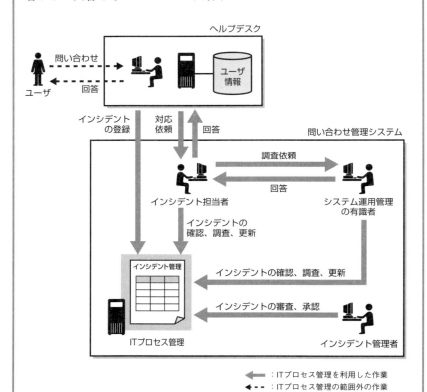

図2.24　ヘルプデスク運用例

2.9 構成管理
：JP1/Universal CMDB

システムの構成情報をジョブネット関連の構成を含めエージェントレスで自動検出する。複雑・大規模なシステムの構成を可視化し、正しく把握できる。また、システムの構成を変更する場合、事前に影響範囲を把握でき、変更履歴の管理も可能である。

● システム構成の可視化

システム構成をエージェントレスで自動検出し、さまざまな形で可視化することで、サーバ、ネットワーク機器、ストレージ、アプリケーションの相互接続構成を確認できる。システム構成は業務視点や仮想化構成での視点など、管理者の目的に応じた任意の視点で表示できる。

また、IPアドレスや特定の仮想化ソフトウェアを指定することで、収集するシステム構成情報を絞り込むこともできる。

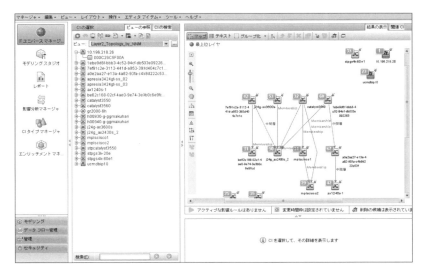

図2.25　システム構成の表示画面

システム構成の変更管理

システム構成を変更する前に、変更の影響範囲を確認できる（影響分析）。ジョブネット関連の構成情報も他の構成情報と関連付けて管理できるので、サーバやアプリケーションの構成変更によって、どの業務（ジョブ）に影響があるかを把握できる。

また、システム構成の変更後に、構成の変更箇所を画面で確認したり、変更内容をレポートに出力したりすることも可能である。

さらに、システム構成のスナップショットも保存できる。システム変更による障害を未然に防止できるだけでなく、変更に伴う管理コストも削減できる。

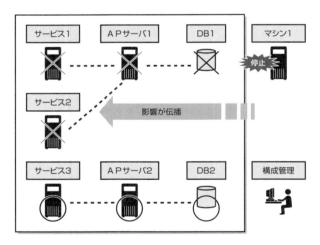

図2.26　変更の影響範囲の確認

ITILサービスサポートでの利用

ITILサービスサポートの各プロセスで「システム構成の確認」に利用できる。また、変更管理のプロセスでは「システム変更時の影響確認」や「システム変更後の構成確認」に利用できる。

2.10 パフォーマンス管理

パフォーマンス管理は、モニタリングを構成する製品カテゴリーの1つである。パフォーマンス管理はサービスレベル管理製品と稼働性能管理製品で構成されている。サービス利用者とサービス提供側の各々の視点でシステム全体を可視化し、システムで発生するさまざまな問題を解決する。

表2.8 パフォーマンス管理を構成する主な製品の概要

製品	製品名	概要
サービスレベル管理	JP1/Service Level Management	利用者視点でサービス性能を評価する
稼働性能管理	JP1/Performance Management	システム性能を監視し、システムを安定稼働させる

2.11 サービスレベル管理
: JP1/Service Level Management

サービスレベル管理は、安定したサービスを提供できているかどうかを判断するための監視・評価機能がある。また、サービスレベルの定期的評価に加え、日々の問題を未然に防ぐサイレント障害検知などのリアルタイム監視ができる。

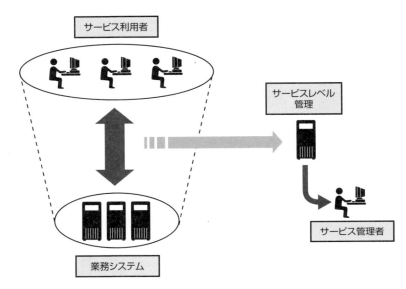

図2.27　サービスレベル管理の概要

　Webシステムで求められるサービスレベル管理（SLM）の運用サイクルとして、サービスの監視・評価（Check）を支援する機能を提供する。

　業務システムのリソース、プロセスなどの監視だけでは判断できないサービス利用者視点によるサービスの性能（平均応答時間、スループット、エラー率）をサービスの評価指標（SLO）に基づいて監視できる。さらに、稼働性能管理（JP1/Performance Management）との連携により、サービスの可用性（サービスの稼働率、MTTR、MTBF）やサービスに関連するシステムの性能（サーバや各種アプリケーションの稼働状況）も監視できる。これらを定期的に評価することで適切なサービスレベルの維持・向上ができる。サービスに問題が発生した場合には、サービスに関連するサーバや各種アプリケーションの稼働状況を確認しながら原因の調査ができる。また、個々のシステム特性に合わせた検知手法により、サービス低下の予兆となるサイレント障害を検知できる。

2.11 サービスレベル管理

用語説明 ❖ SLM（Service Level Management）

SLMとは、サービスレベルの評価項目（SLO）を明確化（Plan）し、サービスの実行（Do）、サービスの監視・評価（Check）、SLO（Service Level Objective）の見直し（Action）といったPDCAサイクルを管理することである。

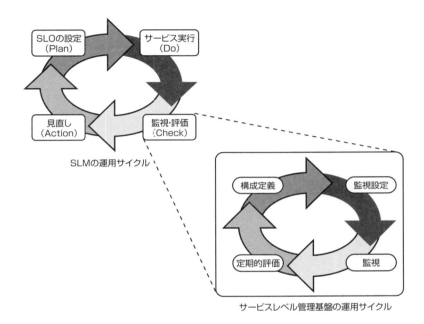

図2.28　サービスレベル管理とサービスレベル管理基盤の関係

サービスレベル管理基盤の運用サイクルの各フェーズの概要を以下に示す。

1. 構成定義

ネットワークから「サービスのURIを自動検出」できる。監視サービスの設定が容易に行える。

2. 監視設定

サービス性能の監視項目はあらかじめ初期値が設定されているため、「設定が容易ですぐに運用を開始」できる。システム環境に合わせサービスごとにカスタマイズ可能である。

第2章 モニタリング

3. **監視**

サービス状態をリアルタイムに監視し、いつもと違う状態を捉えることで、いち早く「サイレント障害」を検知する。また、「変化の起き始め」を捉え問題発生時期を自動表示する。

4. **定期的評価**

SLOが遵守できているか「毎月のSLO遵守率」を定期的に確認できる。結果をレポート出力（CSV形式）可能である。

ホーム画面

ホーム画面を見るだけで、監視対象サービス全体の状況を把握できる。サービスグループごとの状況のサマリ表示や要注意サービスのランキング、発生したイベントを確認できるほか、エラー・警告・正常に色分けして表示されるので、問題が発生するとすぐに認識できる。

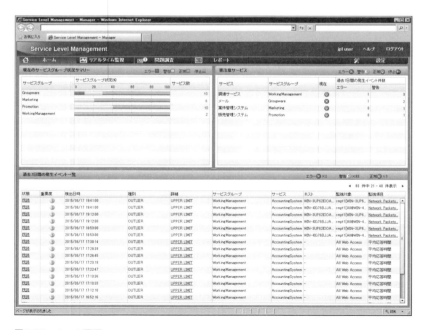

図2.29 ホーム画面

2.11 サービスレベル管理

◤● 監視サービスの自動検出

　管理者が実際のサービスにアクセスすると、アクセス先のURI（Uniform Resource Identifier）を自動検出して設定画面に表示される。検出されたURIを選択するだけで監視対象のサービスとして登録ができる。

◤● 監視設定画面

　監視設定画面は非常にシンプルで、SLOをしきい値として設定する際や、予兆検知の設定では、あらかじめ初期値が設定されているためすぐに運用を開始できる。監視項目を追加する場合は、対象項目にチェックを入れるだけである。サービス単位で監視設定が可能なため、目標とするサービスレベルに合わせてカスタマイズができる。

◤● リアルタイム監視

　サービス利用者とWebシステム間のトラフィックを収集、分析することで、サービス利用者が体感している性能（サービス性能：平均応答時間、スループット、エラー率）をリアルタイムに監視できる。リアルタイム監視画面では、サービスごとの状況をリアルタイムにグラフ表示し、状態が正常かどうかを色分けして表示する。さらに、サービスに関連するシステムの性能（サーバや各種アプリケーションの稼働状況）も表示できる。

第2章　モニタリング

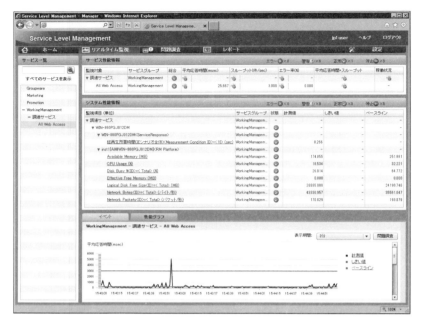

図2.30　リアルタイム監視画面

定期評価レポート

　サービス性能とサービスに関連したサーバや各種アプリケーションの性能について、平均値やSLO遵守率をレポート表示できる。また、日次のような短期間や、週次、月次など、さまざまな期間で、平均値・最大値・最小値をグラフで出力できる。さらに、グラフに表示されたデータはCSVファイル形式で出力することも可能である。

2.11 サービスレベル管理

図2.31 レポート画面

● サービス低下の予兆検知

　しきい値の超過など、明らかな現象が発生するより前の、放置しておくと障害に発展してしまう可能性のある「サイレント障害」をリアルタイムに検知でき、サービス利用者がサービスの低下に気づく前に問題に対処できるプロアクティブな障害対応を実現する。

傾向監視

　SLOなどの具体的な指標をしきい値とし、これに基づいてサービス性能の傾向をリアルタイムに分析できる。直近の状態（傾向）から、将来しきい値を超えそうな状態を事前に検知して警告を通知する。傾向として示す直線は、直近の測定値を基に近似直線を用いて算出する。近似対象として用いる測定値の時間や、しきい値を超えるまでの時間は、サービスに合わせた調整が可能である。

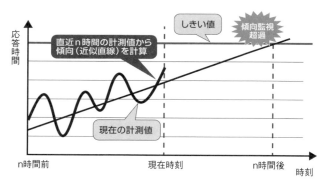

図2.32　傾向監視

外れ値検知

　過去の性能情報から基準値となるベースラインを算出して、現在の測定値が正常範囲（ベースラインからの上限値・下限値）から外れた場合に「いつもと違う傾向」があると判断し、問題の予兆として検知（外れ値検知）する。外れ値検知のためのしきい値を設定する必要はなく、正常範囲内から外れた場合にいつもと違う状態として警告を通知する。

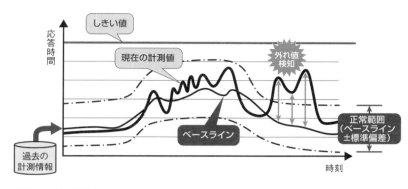

図2.33　外れ値検知

外れ値検知＋相関関係

外れ値検知に過去の応答時間とスループットの相関関係を加えた性能監視ができる。たとえば、応答時間だけで判断した場合、通常のピーク時間帯以外に一時的にサービスにアクセスが集中すると「異常」として検知する。しかし、時間帯に依存しない応答時間とスループットの相関関係を利用すると、過去の性能情報をもとに応答時間とスループットの相関関係が正常範囲内にある場合は「正常」と判断する。これによって、応答時間だけで判断するよりも予兆検知の精度を高めることができる。

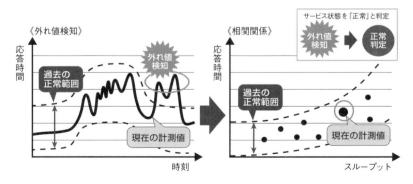

図2.34　外れ値検知＋相関関係

問題調査画面

サービスの問題発生時に、サービスに関連するサーバや各種アプリケーションの稼働状況を確認しながら原因調査ができる。問題調査画面にサービスに関連するサーバやミドルウェアが関連図で表示されるので、サーバや各種アプリケーションの稼働状況も含めた確認が可能である。サービスとサーバや各種アプリケーションの関連付けは、稼働性能管理（JP1/Performance Management）からシステムの構成情報をインポートできるので容易に設定できる。

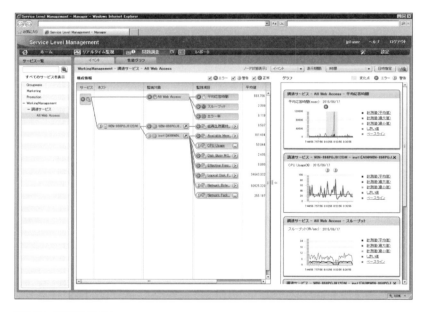

図2.35　問題調査画面

監視項目の中から問題がありそうな監視項目の状態変化の起き始めを問題調査画面に自動表示する。調査の基点を表示することで、「どこから調査を始めればよいか、わからない」といった悩みが解消され、問題調査の初動を早めることができる。

問題調査画面の性能グラフでは、サーバや各種アプリケーションの稼働状況がサービス性能と同じ時間軸でグラフ表示できるので、効率的な調査ができる。さらに、サーバや各種アプリケーションの詳細を調査するために、問題調査画面から稼働性能管理（JP1/Performance Management）の監視画面を直接起動することもできる。

　統合コンソール（JP1/Integrated Management）を利用すると、サービス低下の予兆（サイレント障害）を検知した場合に、JP1イベントとして一元管理できる。さらに、通報管理（JP1/TELstaff）と組み合わせることにより、メール、携帯電話、パトロールランプなどで管理者に自動通報ができる。サービス管理者が常に監視画面を見ている必要がなく、サービス管理を含めたシステム全体の集中監視が可能になる。

2.12 稼働性能管理
：JP1/Performance Management

　稼働性能管理はシステムを構成する各種プラットフォームのサービス、アプリケーションの稼働情報を多様な側面から収集し、問題を事前検知するなど統合的に管理する。

　また、警告値や異常値に達した事象をイベントとして統合コンソールにアラートを発行することで、総合的なモニタリングを実現する。

第2章　モニタリング

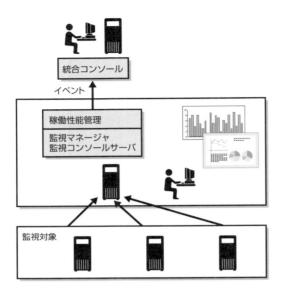

図2.36　稼働性能管理の概要

稼働性能管理を構成する製品の概要を以下に示す。

表2.9　稼働性能管理を構成する製品

製品	概要
稼働性能管理 　　監視マネージャ	Webブラウザで各種レポートやアラートを表示する監視コンソールサーバと稼働情報が警告値や異常値に達していないか監視し、問題がある場合は監視コンソールに表示したりイベントを統合コンソールに通知するマネージャ製品である
稼働性能管理 　　監視エージェント	サービス、アプリケーションの稼働情報を収集、監視するための専用エージェント群

◆ エージェント監視とエージェントレス監視

　稼働性能管理では、監視対象サーバの特性や運用方針により2種類の方法で監視できる。2種類の監視方法を組み合わせることにより、さまざまなシステム要件に柔軟に対応できる。

エージェント監視（エージェントをインストールする監視）

サーバの稼働状況をより詳細に監視したい場合には、監視対象サーバに監視エージェントをインストールする。これにより、サーバの稼働状況をより詳細に監視したり、監視対象サーバと監視マネージャ間のネットワーク切断時にも監視を継続することができる。

エージェントレス監視（エージェントをインストールしない監視）

簡易的な監視で運用する場合は、監視対象サーバに監視エージェントをインストールせずに、監視対象サーバの稼働状況を監視マネージャでネットワークを介してリモート監視できる。監視対象サーバへソフトウェアをインストールする必要がないため、監視対象サーバのシステムを止めることなく監視を始めることができる。また、稼働監視システムの導入コストも削減できる。

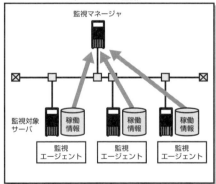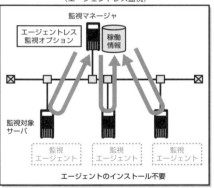

図2.37　エージェント監視とエージェントレス監視

● ここがポイント！
エージェント監視とエージェントレス監視の違いを整理しておこう。

第2章　モニタリング

　稼働性能管理では、稼働情報を一元的に収集・管理し、各種レポートを表示する。警告値や異常値に達した場合はアラートを画面に表示したり、アラーム発生などの各種イベントを統合コンソールに通知したりする。以下のような機能がある。

稼働情報の収集、管理

　稼働情報の収集項目、タイミングなど詳細な設定ができるので、必要なデータだけを収集・蓄積することができ、サーバに余分な負荷をかけずに効率良く管理できる。機能の例を以下に示す。

- 業務システムの規模やユーザの利用形態などの特性に応じて、「どのサーバの」「どの監視項目の稼働情報を」「どのタイミングで取得するか」という詳細な設定ができる。
- 稼働情報を蓄積しながら、分、時、日、週、月、年単位で自動集計する。
- 稼働情報の保存期間を指定でき、保存期間を超えた稼働情報は自動的に上書きする。これにより、一定のディスク容量を保ち稼働監視を運用できる。

アラームでの通知とアクション実行

　収集した稼働情報の中に危険域や警告域のしきい値に達した情報を発見した場合、アラートを画面に表示する。アラートによりアラームの状態が変化したときに、システム管理者へのメールの送信や外部コマンドの実行、アラームイベントを統合コンソールに通知したりできる。

- **監視画面通知**
  アラームを設定することで、収集した稼働情報があらかじめ定義したしきい値に達したとき、監視画面のランプ状のアイコン（アラームアイコン）の色が赤や黄へ変化して、システム管理者に問題発生を通知できる。

- **統合コンソール製品への通知（JP1イベントの発行）**
  アラームイベントが発生したときのアクションとして、JP1イベントを

発行するように設定できる。

統合コンソールのイベントコンソール画面で、サーバ稼働管理のアラームイベントを監視できる。アラームとレポートが関連付けられている場合には、イベントコンソール画面から、JP1イベントとして通知されたアラームについてのレポートを表示できる。イベントコンソール画面からサーバ稼働管理の画面を呼び出して、アラームの定義内容を確認することも可能である。

また、統合管理の監視ツリー画面にサーバ稼働管理の監視エージェントを示すアイコンを表示して、アラームイベントを監視することもできる。

- **そのほかのアクション実行**

  SNMPトラップを発行することで、ネットワーク管理製品であるネットワークノードマネージャ（JP1/Network Node Manager i）から監視できる。また、電子メール送信やコマンド発行による他メディアでの通報もできる。

管理コンソールとレポート

収集した稼働情報の履歴やリアルタイムの稼働情報はレポートとして参照できる。インターネットサービス、OS、各種アプリケーションなどの異なるエージェント、任意の監視項目、複数のレポートを組み合わせた複合レポートも表示できる。

- **リアルタイムレポート**

  システムの状態や問題点を確認するために、現在の稼働状況を表示する。システムに問題が発生したときに参照する。

- **履歴レポート**

  システムの傾向を分析するために、過去から現在までの稼働履歴を表示する。システムの稼働状況を長期的に分析するときに参照する。

収集した稼働情報は用途に合わせて、以下のどちらかの形式で表示または出力することができる。

第2章　モニタリング

- **画面表示**：レポートの画面表示
- **ファイル出力**：CSV形式またはHTML形式のファイル出力

　稼働情報のレポートはグラフや表などに加工してWebブラウザで表示できる。稼働情報をどのような形式に加工するか定義して、ユーザ独自のレポートを作成することも可能である。
　ベースライン比較レポートは、ある期間（テストフェーズなど）のメトリック値を基準（ベースライン）とし、運用開始後のメトリック値と比較表示したレポートである。
　レポートの表示例を以下に示す。

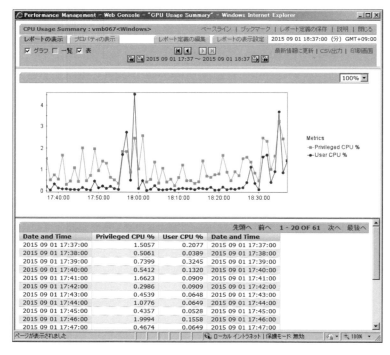

図2.38　レポートの表示例

2.12 稼働性能管理

システム情報サマリ監視画面

　システム全体のサーバやエージェントの稼働状況、エージェントの監視状況などを部署やシステムごとにフォルダ分けしてビジュアルに表示する。システム全体の稼働状況を直感的に把握できるので、サーバ稼働監視の基本画面として利用できる。

クイックガイド

　豊富な監視項目の一覧から操作したいフィールドやアイコンを選んでクリックするだけで、監視の設定やリアルタイムレポート、履歴レポートを表示できる。また、レコードやフィールドと説明文が表示されるので、見たい監視項目をワンクリックで表示でき、簡単に操作できる。

レポートのタイリング表示

　あらかじめブックマークに登録した複数のレポートを並べて表示できる（タイリング表示）。複数のレポートを並べて表示することで、障害要因の分析やキャパシティプランニングに役立つ。

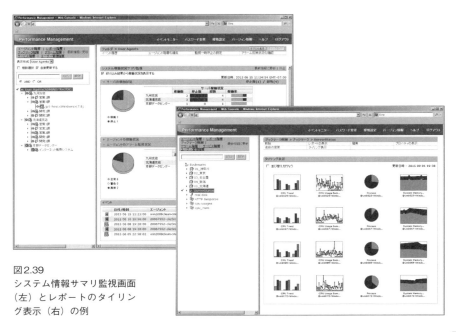

図2.39
システム情報サマリ監視画面（左）とレポートのタイリング表示（右）の例

第2章　モニタリング

監視テンプレート

　稼働性能管理は、監視対象でよく利用される定義済みテンプレートを提供している。このテンプレートには、稼働情報の表示形式を定めたレポートとアラーム（監視項目のしきい値としきい値に達したときの警告方法）が標準で定義されているため、インストール直後からスムーズに運用を開始できる。

　また、監視テンプレートをコピーして、システムの環境に合わせてユーザが自由にカスタマイズすることができる。

　たとえば、Windowsサーバの場合、以下に示すしきい値に達したときに警告する設定がテンプレートに定義されている。

- 利用できる物理メモリのサイズが4.0メガバイトより小さくなった
- CPU利用率が80%より大きくなった
- 論理ディスクドライブの空き領域の割合が15%より小さくなった

◖ 代表的な監視対象と主な監視項目

　稼働性能管理では、多数の監視対象をサポートしている。サーバ稼働管理エージェントがサポートする代表的な監視対象と、主な監視項目を以下に示す。

表2.10　稼働情報を収集するエージェントの種類

監視対象		収集できる主な稼働情報の例
OS	Microsoft Windows Server	CPU使用率、メモリの空き容量、ディスク使用状況、ネットワーク使用状況、デバイス情報など
	HP-UX、Solaris、AIX、Linux	CPU使用率、メモリの空き容量、ディスク使用状況、ネットワークデータ転送量など
データベースサーバ	Oracle Database	データベース使用率、SQL情報、パラメータ情報など
	Microsoft SQL Server	CPU使用状況、データベース領域の使用状況、キャッシュヒット率、ロック発生情報など
	IBM DB2	メモリ使用状況、ソート情報、エラー情報、構成パラメータ情報など
	日立HiRDB	トランザクション数、ログ入出力エラー回数、HiRDBファイルシステムスペース利用状況など

76

2.12 稼働性能管理

監視対象		収集できる主な稼働情報の例
Webサーバ	Microsoft Internet Information Services	Web接続失敗（Not Foundエラー）状況、ASPのリクエスト実行時間、セッション情報など
Webアプリケーションサーバ	日立uCosminexus Application Server	Javaヒープの使用状況、J2EEサーバが使用するOSリソース消費量、EJB（Enterprise JavaBeans）稼働情報、Webコンテナ稼働情報など
	IBM WebSphere Application Server	EJB（Enterprise JavaBeans）稼働情報、スレッドプールの情報など
	Oracle WebLogic Server	EJB（Enterprise JavaBeans）稼働情報、スレッドプールの情報など
TPモニタ	uCosminexus OpenTP1	トランザクション情報、RPCコール、スケジュール情報、ジャーナル取得状況など
ERP	SAP ERP	ロール領域使用率（SAPメモリ）、レスポンスタイム、システムログ/CCMSアラートなど
グループウェア	IBM Lotus Domino	ノーツログ（log.nsf）の収集、ノーツメールの発生状況、LDAP詳細状況、レプリケータによる複製実行状況など
	Microsoft Exchange Server	キュー/メッセージ、ユーザログオン、未使用メールボックスなど
サービスレスポンス管理		HTTP・SMTP・FTP・TCPなどのプロトコルの応答時間、Web操作をシミュレートした応答時間
仮想環境	VMware ESX、VMware ESXi、Microsoft Hyper-V、Virtage、KVM	物理サーバ・仮想マシンごとのCPU使用率および使用量、CPU不足率、CPUの割当上下限値・均衡値、メモリ使用量、スワップI/O、ワーキングセットサイズ、ワーキングセットサイズ率、メモリの割当上下限値、メモリ未使用量、メモリ割当量、スワップ使用量、ディスクのコマンド破棄率、論理ディスクごとの使用率・使用量、データストアのディスク使用量、ネットワークデータ送受信速度など

◗● プラットフォーム監視エージェントによるOSの稼働監視

　プラットフォーム監視エージェント（JP1/Performance Management -Agent Option for Platform）では、以下の重要なシステムリソースを収集、監視できる。なお、システムリソースの収集可否は、OSによって多少異なる。

第2章　モニタリング

表2.11　プラットフォーム監視エージェントで収集できるシステムリソース

分類	概要
プロセッサ	各プロセッサのCPU使用率、プロセッサのキュー数、プロセッサの使用率、プロセッサが非アイドル状態のスレッドを実行した経過時間の割合、ハードウェア割り込みを処理した数、プロセッサごとのハードウェア割り込みを処理した数など
メモリ	ページングした数、ページフォルトが発生した数、ページングファイルの使用率、物理メモリの容量、空き容量、使用率、仮想メモリの容量、空き容量、使用率など
ディスク	ディスクのビジー率、ディスク間で転送された1回当たりのバイト数、ディスク間で転送された1秒当たりのバイト数、ディスクの空き領域率など
ネットワーク	送受信された1秒当たりのデータ量など
プロセスおよびサービス	プロセス数、プロセス名、サービス名および起動状態など
イベントログ	イベントログの種類（アプリケーション、システムなど）、イベントタイプ（エラー、警告など）、アプリケーション名など

2.13 ネットワーク管理

　JP1のネットワーク管理は、業界標準プロトコルであるSNMPを採用し、ファイアウォールやNATを介したネットワークも含め、ネットワークの一元管理を実現する製品カテゴリーである。

　ネットワーク管理は表2.12に示す製品から構成される。

用語説明 ➡ NAT

インターネットでは、接続されているすべてのルータやホストにそれぞれユニークなIPアドレスを割り当てる。これをグローバルIPアドレスと言う。これに対して、企業や企業の組織内だけに適用するローカルなネットワーク内にあるホストにはローカルなIPアドレスを割り当てる。企業や企業の組織外のインターネットに接続するときにだけローカルなIPアドレスをグローバルIPアドレスに変換する技術が開発された。この変換を行うのがNAT（Network Address Translation）である。

2.13 ネットワーク管理

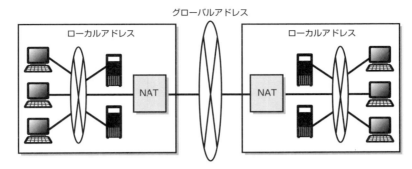

図2.40　ローカルアドレスとグローバルアドレス変換を行うNAT

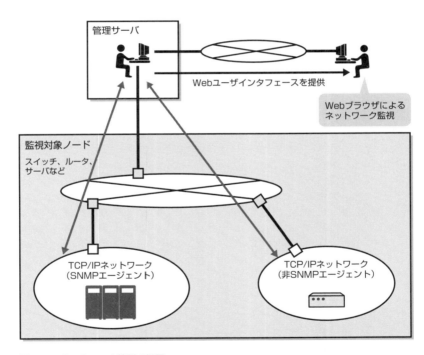

図2.41　ネットワーク管理の概要

第2章 モニタリング

表2.12 ネットワーク管理を構成する主な製品

機能	製品名	概要
ネットワークノードマネージャ	JP1/Network Node Manager i	ネットワークの構成管理や障害管理を実現する
システムリソース/プロセスリソース管理	JP1/SNMP System Observer	各種サーバ、ネットワーク機器の性能情報の監視、アプリケーションの稼働状態の監視を行う
機器管理	JP1/Network Element Manager	実物イメージの画面による機器の監視を行う

●ここがポイント！

ネットワーク管理はネットワーク機器、ネットワーク構成によって利用する製品や機能を選択しなければならない。ほかの管理と異なり、ネットワークプロトコルなどの専門用語がわからない場合は、まず、その基礎学習を行い、ネットワーク管理機能との関係を理解しておくこと。

用語説明 ↔ SNMP

コンピュータ同士のやりとりを実現するネットワークは、多くのネットワーク機器から構成されている。たとえばLANの場合、接続されているPCから送信されたデータを相手先に届けるため、スイッチング制御を行うネットワーク機器、LANをIPネットワークやインターネットと接続し、遠隔地のLANに接続するためのファイアウォールやルータなどが必要になる。
このようにネットワークは、多くのネットワーク機器と、それを相互接続する通信路の集合体として構成されており、これらのネットワークには、コンピュータを含めたネットワーク機器が各種プロトコルに従って相互に通信している。その1つにネットワーク機器を管理するためのプロトコルSNMP（Simple Network Management Protocol）がある。SNMPは、管理側のマネージャが管理対象側のエージェントと通信して、MIB（Management Information Base）と呼ばれる一種のデータベースにアクセスすることにより管理を行う。

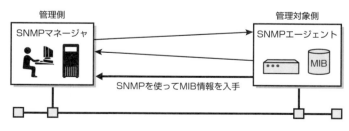

図2.42 ネットワーク機器を管理するためのプロトコルSNMP

2.14 ネットワークノードマネージャ
：JP1/Network Node Manager i、JP1/Network Node Manager i Advanced

業界標準のSNMPを採用し、ネットワークの構成管理や障害管理を実現する。Webブラウザからネットワーク構成をビジュアルに管理する。

ネットワーク管理基盤の主な機能は以下のとおりである。

ネットワークの構成管理

ネットワーク上のノードを検出し、自動的にネットワーク構成図（トポロジマップ）を作成する。ネットワーク構成に変化があった場合も自動的にトポロジマップを更新する。また、管理対象の状態によってアイコンの色が変化するので、障害発生などの状況変化を視覚的に把握できる。

ネットワーク構成図によって、IPアドレスやデバイス種別など、さまざまな条件でノードをグループ化・階層化し、見やすく、わかりやすい管理画面を作ることができる。たとえば、サーバの種類や役割ごとにノードをグループ化して表示したり、地域・拠点といったロケーションを意識してグループを階層化することもできる。

用語説明 ▶ **ノード**

ノードとは、2つ以上の通信リンクの終端点で、簡単に言えばネットワーク上の通信端末のこと。ノードは、ネットワークの構成要素間でデータを転送する制御点として動作したり、そのほかのネットワーク処理を行っている。また、ローカルの処理機能を提供している場合もある。

第2章 モニタリング

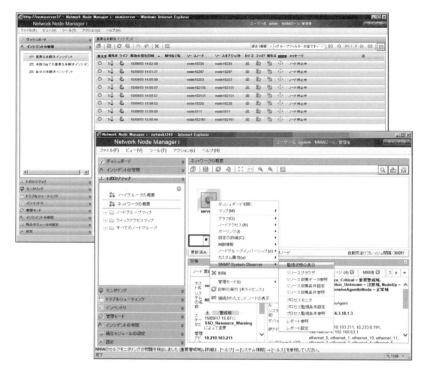

図2.43 ネットワーク管理画面の例

ネットワークの障害管理

　ネットワークの障害によって発生する、さまざまなイベントの相関関係を認識、フィルタリングし、検出したネットワークのレイヤー2トポロジに基づいて根本原因を解析する。その結果がインシデントとして通知される。

　インシデントはインシデント参照画面で確認でき、解決済み/未解決などのカテゴリー別にインシデントを表示したり、過去1時間/1日/1週間/1か月のような期間ごと、ノードグループごとなどのフィルタによって絞り込んで表示できる。インシデント参照画面からインシデントが発生しているノードグループマップ画面を表示できるため、障害が発生しているサーバやネットワーク機器がどこに設置されているかを迅速に特定できる。

2.14 ネットワークノードマネージャ

インシデントは、障害の発生から解決までをライフサイクル状態（登録済み・進行中・完了・解決済み）で管理することができ、インシデントの状態ごとに自動アクションの設定ができる。

高度なネットワーク技術に対応した管理

：JP1/Network Node Manager i Advanced

ネットワークのパフォーマンスや可用性・信頼性を確保するためのルータの冗長化（RRG：Router Redundancy Group）やリンクアグリゲーションなどの技術に対応している。さらに、IPv6とIPv4が混在したネットワーク環境を一元管理できるなど、高度なネットワークに対する監視が実現できる。

冗長化されたルータグループの構成を自動認識し、ルータグループがパケットを適切にルーティングしているかどうかも監視できる。フェイルオーバーで、正常にルータが切り替わったかなど、ルータグループの状態変更がインシデントとして通知される。

アグリゲーションされたリンク構成を自動認識できる。リンクに異常があった場合、アグリゲーションされている一部が停止しているのか、すべて停止しているのかがインシデントで確認できる。

IPv6とIPv4が混在するネットワークのステータス監視やノード情報（構成情報、設定情報など）の管理ができる。

拠点ごとの管理を行うリージョナルマネージャと、それらをまとめるグローバルマネージャを設置することにより、大規模なネットワーク環境でも一元的な集中管理ができる。

ネットワークノードマネージャ開発者ツールキット

：JP1/Network Node Manager i Developer's Toolkit

Webサービスを利用したインタフェースの提供により、ユーザアプリケーションから、ネットワークノードマネージャが保有している各種ネットワーク管理情報（インシデント情報、ノード情報など）を取得・利用できる。た

83

第2章　モニタリング

とえば、取得したネットワーク管理情報を利用者が使い慣れた管理情報サイトに表示してネットワーク管理情報を参照できる。

用語説明　➡　インシデント

インシデントとは、ITサービスの品質を低下させたり、システムの正常な運用を妨げたりする障害事象の単位を指す。製品などのユーザサポートや問い合わせ窓口などでの対応回数の単位のことを指す場合もある。

2.15 システムリソース/プロセスリソース管理
: JP1/SNMP System Observer

システムリソース/プロセスリソース管理の主な機能は以下のとおりである。

システムリソース管理

SNMPをサポートする各種サーバ製品・ネットワーク機器の性能情報、統計情報、稼働情報をリアルタイムに監視できる。たとえば、CPU利用率が80％を超えたらインシデントを発行するといったしきい値監視ができる。インシデント発行と合わせて、任意のアクションを自動的に実行することもできる。

システムリソースのレポート

収集したリソース情報をデータベースに蓄積し、日単位、月単位など任意の期間でレポートを作成できる。レポートはグラフを表示するHTML形式とデータ列からなるCSV形式で作成できる。

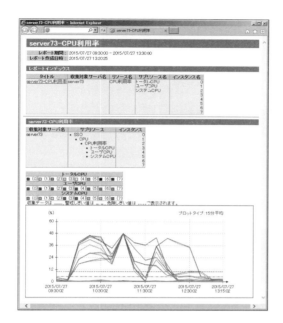

図2.44　システムリソースレポートの例

プロセスリソース管理

　任意のアプリケーションの稼働状態を、プロセスの生死やWindowsサービスの状態によって監視できる。プロセスの起動数が設定した上限値・下限値を超えた場合にインシデントを発行するといった監視ができる。

 機器管理
：JP1/Network Element Manager

実物イメージの画面による機器の監視と操作

　スイッチ、ルータなどのネットワーク機器の稼働状況をリアルなパネル画面で監視する。コネクタが外れているなど、具体的な障害の事象が画面上に

第2章　モニタリング

リアルに表示されるため、遠隔地からでも障害場所を容易に特定できる。さらに、ポート単位のトラフィック情報監視も可能である。

図2.45　機器の監視画面例

練習問題

練習問題

問題 1

統合管理の製品として適切なものはどれか。

- ○ **ア.** IT運用分析
- ○ **イ.** ジョブ定義情報の一括収集・反映
- ○ **ウ.** IT資産・配布管理
- ○ **エ.** 情報漏えい防止
- ○ **オ.** 電源管理

解説

統合管理の製品としては、統合コンソール（JP1/Integrated Management）、IT運用分析（JP1/Operations Analytics）、通報管理（JP1/TELstaff）、監査証跡管理（JP1/Audit Management）などがある。

【イ】：ジョブ定義情報の一括収集・反映（JP1/Automatic Job Management System 3 - Definition Assistant）は、オートメーション製品である。

【ウ】：IT資産・配布管理（JP1/IT Desktop Management 2）は、コンプライアンス製品である。

【エ】：情報漏えい防止（JP1/秘文）は、コンプライアンス製品である。

【オ】：電源管理（JP1/Power Monitor）は、オートメーション製品である。

解答	ア

第2章　モニタリング

問題 2

　通報管理（JP1/TELstaff）の機能の説明として適切なものはどれか。

❍ **ア.** 事象の発生を、パトロールランプや携帯電話、電子メールなどで通報できる。

❍ **イ.** ジョブのスケジューリングにより、業務を自動化する。

❍ **ウ.** ITILサービスサポートに基づいたIT運用プロセスの統制を実現する。

❍ **エ.** 統合コンソールに表示するメッセージを任意のフォーマットに統一できる。

❍ **オ.** ログファイル上のメッセージ、Windowsイベントログ、UNIXおよびLinuxのsyslogを、JP1イベントに変換できる。

解説

　統合管理の通報管理（JP1/TELstaff）は、障害や問題点を、パトロールランプ、携帯電話、電子メール、PCの画面上への画像やメッセージの表示など、さまざまな方法で、リアルタイムに通報できる。

　【イ】：ジョブスケジューラ（JP1/Automatic Job Management System 3）の説明である。

　【ウ】：統合管理のITプロセス管理（JP1/Service Support）の説明である。

　【エ】：統合管理の統合コンソール（JP1/Integrated Management）の説明である。

　【オ】：JP1管理基盤（JP1/Base）の説明である。

解答	ア

練習問題

> **問題 3**　メッセージ変換の機能説明として適切なものはどれか。
>
> ○ **ア.** 統合コンソールに表示するメッセージを、シーンに合わせた表示になるようにテキストを変換する。
>
> ○ **イ.** 発生したJP1イベントやJP1ユーザを管理したり、サービスの起動を制御する。
>
> ○ **ウ.** パトロールランプやPC画面でエラーを通知する。
>
> ○ **エ.** システム全体で発生した事象を表示することで、システムを集中監視できる。
>
> ○ **オ.** インシデント管理、問題管理、変更管理、リリース管理のサービスサポートの各プロセスを一元管理できる。

解 説

　統合管理のメッセージ変換は、統合コンソールに表示するメッセージを「見やすく」「わかりやすく」することで、重要メッセージの見逃しを防止することができる。

　【イ】：統合管理のJP1管理基盤（JP1/Base）の説明である。

　【ウ】：統合管理の通報管理（JP1/TELstaff）の説明である。

　【エ】：統合管理の統合コンソール（JP1/Integrated Management）の説明である。

　【オ】：統合管理のITプロセス管理（JP1/Service Support）の説明である。

解答	ア

89

第2章　モニタリング

> **問題 4**
>
> 　統合コンソール（JP1/Integrated Management）の機能の説明として、空欄aに入る適切なものはどれか。
>
> イベント数が多いと、重要イベントが埋もれ、運用管理者の負担は増加する。このため、イベントを【　a　】する機能を備えている。
>
> ○ **ア.** フィルタリング
> ○ **イ.** フォーマット変換
> ○ **ウ.** ビジュアル化
> ○ **エ.** ツリー化
> ○ **オ.** スケジューリング

(解説)

　統合管理の統合コンソール（JP1/Integrated Management）は、転送フィルタ、イベント取得フィルタ、ユーザフィルタ、重要イベントフィルタ、表示フィルタを用意している。これらのフィルタを利用することで、マネージャに転送するイベントを限定したり、ユーザごとに監視できるJP1イベントを制限するなど、柔軟に運用できる。

解答	ア

90

練習問題

問題 5　統合コンソール（JP1/Integrated Management）のイベントコンソール画面の説明として適切なものはどれか。

○ **ア.** 業務構成図や地図など、任意の画像上に、監視オブジェクトを配置することによって、監視ターゲットを直感的に監視できる。

○ **イ.** JP1イベントの重大度に応じてカラーリングされるため、JP1イベントの重大度がひと目で特定できる。

○ **ウ.** 複数のサーバに分散されている処理を、業務の視点でグループ化して、業務ツリーとして監視することができる。

○ **エ.** テンプレートの管理目的に沿って選ぶだけで、監視ツリーを自動的に生成できる。

○ **オ.** 管理対象のサーバ構成を使いやすいGUI画面で設定・管理できる。

解説

統合管理の統合コンソール（JP1/Integrated Management）のイベントコンソール画面は、JP1イベントの重大度に応じてカラーリングされるため、重要なJP1イベントをひと目で特定できる。そのほかにも、JP1イベントの重大度に応じたアイコンが付加されるため、ビジュアルに識別できる。また、JP1イベント情報はCSVファイルに出力できる。

【ア】：統合コンソールのビジュアル監視画面の説明である。

【ウ】、【エ】：統合コンソールの監視ツリー画面の説明である。

【オ】：統合コンソールのIM構成管理画面の説明である。

解答	イ

91

第2章　モニタリング

問題 6

統合コンソール（JP1/Integrated Management）において、以下の機能の説明を表すものとして適切なものはどれか。

ある問題を特定するために必要な関連性を持つ複数のJP1イベントが発行されたことを契機として、新しいJP1イベントを発行することができる。

- ○ **ア.** ガイド機能
- ○ **イ.** フィルタリング
- ○ **ウ.** イベント検索
- ○ **エ.** 自動アクション
- ○ **オ.** 相関イベント

解説

統合コンソール（JP1/Integrated Management）は、相関イベントを利用することで、障害の原因として可能性のあるJP1イベントをまとめることができ、原因究明にかかる調査などの時間を短縮できる。

【ア】：ガイド機能は、障害が発生した際に、あらかじめ登録しておいた対処方法を表示することで、迅速な障害復旧をサポートする。

【イ】：フィルタリングは、マネージャに転送するJP1イベントを限定したり、ユーザごとに監視できるJP1イベントを制限することなどができる。

【ウ】：イベント検索は、JP1イベント発生日時、発行元、JP1イベントの識別子、重大度、対処状況など、さまざまな条件でJP1イベントを検索できる。

【エ】：自動アクションは、特定のJP1イベントの受信を契機に回復処理などのコマンドを自動実行できる。

| 解答 | オ |

練習問題

> **問題 7**
>
> 　監査証跡管理（JP1/Audit Management）の説明として適切なものはどれか。
>
> ○　**ア.** 稼働情報を一元的に収集・管理し、各種レポートを表示する。
>
> ○　**イ.** 監査証跡（証跡記録）を収集・管理し、長期間にわたる保管を実現する。
>
> ○　**ウ.** ジョブのスケジュール、実行を自動的に行える。
>
> ○　**エ.** インベントリ情報の自動収集ができる。
>
> ○　**オ.** インシデント管理、問題管理、変更管理、リリース管理からなる各プロセスを一元管理し、ITILの実践を促進する。

解　説

　監査証跡管理（JP1/Audit Management）は、内部統制が機能していることを証明するために、必要とされる監査証跡（証跡記録）を収集・管理し、長期間にわたる保管を実現する。

　主な特徴は以下のとおり。

- 証跡記録の収集
- バックアップ/保管履歴の管理
- 証跡記録の検索
- 証跡記録のレポート
- 内部統制の有効性評価や監査時に利用

　【ア】：稼働性能管理（JP1/Performance Management）の説明である。

　【ウ】：ジョブスケジューラ（JP1/Automatic Job Management System 3）の説明である。

　【エ】：IT資産・配布管理（JP1/IT Desktop Management 2）の説明である。

　【オ】： ITプロセス管理（JP1/Service Support）の説明である。

解答	イ

第2章　モニタリング

問題
8

ITプロセス管理（JP1/Service Support）の機能の説明として、空欄aに入る適切なものはどれか。

【　a　】と連携することによって、【　a　】で検知した複数のJP1イベントを案件（インシデント）として自動登録できる。これにより重要インシデントの登録漏れを防止できる。

- ○　**ア.** 統合コンソール（JP1/Integrated Management）
- ○　**イ.** 構成管理（JP1/Universal CMDB）
- ○　**ウ.** 通報管理（JP1/TELstaff）
- ○　**エ.** 監査証跡管理（JP1/Audit Management）
- ○　**オ.** 運用自動化（JP1/Automatic Operation）

解 説

統合管理のITプロセス管理（JP1/Service Support）は、統合コンソール（JP1/Integrated Management）で検知した複数のJP1イベントをインシデントとして自動登録できる。これにより障害や異常につながる予兆といった重要インシデントの登録漏れを防止し、作業効率を向上できる。

【イ】：構成管理（監査証跡管理（JP1/Universal CMDB）は、構成管理情報の参照を可能にする連携製品である。

【ウ】：通報管理（JP1/TELstaff）は、パトロールランプ、電子メールなどで、障害や問題点を通報する。

【エ】：監査証跡管理（JP1/Audit Management）は、日々の業務の運用や変更に伴うログ（監査証跡）を収集し、監査を支援する。

【オ】：運用自動化（JP1/Automatic Operation）は、運用手順書に基づく人手による複雑なオペレーションを自動化できる。

| 解答 | ア |

練習問題

> **問題**
> **9**
>
> 稼働性能管理の説明として、空欄aに入る適切なものはどれか。
>
> OS、各種アプリケーション、仮想環境などの【 a 】をシステムとアプリケーションの両面から収集し、横断的に分析することで、安定したシステム運用を実現する。
>
> - ○ **ア.** イベント
> - ○ **イ.** 稼働情報
> - ○ **ウ.** 構成情報
> - ○ **エ.** インベントリ情報
> - ○ **オ.** ログ情報

解 説

　稼働性能管理は、JP1のモニタリングに位置付けられる製品で、OS、各種アプリケーション、仮想環境などの稼働情報をシステムとアプリケーションの両面から収集し、横断的に分析することで、問題の特定から解決、さらには将来のキャパシティプランニングまで、安定したシステム運用を実現する。

| 解答 | イ |

第2章　モニタリング

> **問題 10**　稼働性能管理（JP1/Performance Management）の機能の説明として適切なものはどれか。
>
> ○　**ア.** 各種プラットフォーム上の業務、ネットワーク、サーバ、アプリケーション、サービスなどで発生するさまざまな事象（イベント）を一元管理できる。
>
> ○　**イ.** 各拠点に分散している業務をスケジュールに合わせて自動実行できる。
>
> ○　**ウ.** クライアントPCのソフトウェアやハードウェアなどのIT資産情報やセキュリティ対策状況を把握し一元管理する。
>
> ○　**エ.** 日々のデータバックアップ作業をストレスなく支援する。
>
> ○　**オ.** あらかじめブックマークに登録した複数のレポートを並べて表示できる。

解説

稼働性能管理（JP1/Performance Management）では、あらかじめブックマークに登録しておいた複数のレポートを並べて表示できる。並べて表示することで、障害要因の分析、キャパシティプランニングに役立てることができる。

【ア】：統合管理の統合コンソール（JP1/Integrated Management）についての説明である。

【イ】：ジョブ管理のジョブスケジューラ（JP1/Automatic Job Management System 3）についての説明である。

【ウ】：資産・配布管理のIT資産・配布管理（JP1/IT Desktop Management 2）についての説明である。

【エ】：バックアップ管理の製品（JP1/VERITAS）についての説明である。

解答	オ

96

練習問題

> **問題 11**
>
> 稼働性能管理（JP1/Performance Management）の機能の説明として、空欄aに入る適切なものはどれか。
>
> 監視対象システムの技術について熟知していなくても、【 a 】を利用することで、インストール直後からスムーズに運用を開始できる。
>
> ○ **ア.** Webサーバ
> ○ **イ.** JP1イベント
> ○ **ウ.** システムリソース
> ○ **エ.** データベース
> ○ **オ.** 監視テンプレート

2
問題

解説

パフォーマンス管理の稼働性能管理（JP1/Performance Management）は、収集した稼働情報の中に危険域や警告域のしきい値に達した情報を発見した際にシステム管理者へ通知する方法や管理レポートの表示形式が標準で定義された監視テンプレートを提供している。

解答	オ

97

第2章　モニタリング

> **問題 12**　稼働性能管理のエージェントレス監視の説明として適切なものはどれか。
>
> ○ **ア.** 監視対象サーバに監視エージェントをインストールすることで、サーバの稼働状況を簡易的に監視できる。
>
> ○ **イ.** 監視対象サーバに監視エージェントをインストールすることで、サーバの稼働状況を詳細に監視できる。
>
> ○ **ウ.** 監視対象サーバに監視エージェントをインストールせずに、サーバの稼働状況を簡易的に監視できる。
>
> ○ **エ.** 監視対象サーバに監視エージェントをインストールせずに、サーバの稼働状況を詳細に監視できる。
>
> ○ **オ.** 監視対象サーバと監視マネージャ間のネットワーク切断時にも監視を継続することができる。

解説

　パフォーマンス管理の稼働性能管理におけるエージェントレス監視は、監視対象サーバに監視エージェントをインストールせずに、監視対象サーバの稼働状況を監視マネージャでネットワークを介して簡易的にリモート監視できるため、稼働監視システムの導入コストを削減できる。

解答	ウ

練習問題

問題 13

サービスレベル管理（JP1/Service Level Management）の機能の説明として適切なものはどれか。

○ **ア.** ITILサービスサポートに基づいたIT運用プロセスの統制を実現する。

○ **イ.** 事象（JP1イベント）の発生をリアルタイムに監視でき、障害発生時の原因箇所の特定、対処までを支援する。

○ **ウ.** サービス利用者視点によるサービスの性能（平均応答時間、スループット、エラー率）をサービスの評価指標（SLO）に基づいて監視できる。

○ **エ.** OS、各種アプリケーション、仮想環境などの稼働情報をシステムとアプリケーションの両面から収集できる。

○ **オ.** システムの構成情報をジョブネット関連の構成を含めエージェントレスで自動検出し、可視化、把握できる。

解 説

サービスレベル管理（JP1/Service Level Management）は、モニタリングに位置付けられる製品で、業務システムのリソース、プロセスなどの監視だけでは判断できないサービス利用者視点によるサービスの性能（平均応答時間、スループット、エラー率）をサービスの評価指標（SLO）に基づいて監視できる。

【ア】：統合管理のITプロセス管理（JP1/Service Support）の説明である。

【イ】：統合管理の統合コンソール（JP1/Integrated Management）の説明である。

【エ】：パフォーマンス管理の稼働性能管理（JP1/Performance Management）の説明である。

【オ】：ITサービス管理の構成管理（JP1/Universal CMDB）の説明である。

| 解答 | ウ |

99

第2章　モニタリング

> **問題 14**
>
> 　ネットワークノードマネージャ（JP1/Network Node Manager i、JP1/Network Node Manager i Advanced）の障害管理の説明として、空欄aに入る適切なものはどれか。
>
> 検出したノードをポーリングしてステータスを監視し、障害を検知すると、【　a　】として通知する。
>
> ○　**ア.** JP1イベント
> ○　**イ.** アラート
> ○　**ウ.** ジョブ
> ○　**エ.** インシデント
> ○　**オ.** メール

解 説

　ネットワークノードマネージャ（JP1/Network Node Manager i、JP1/Network Node Manager i Advanced）は、ネットワーク障害によって発生する、さまざまなイベントを相関・フィルタリングし、検出したネットワークのレイヤー2トポロジに基づいて根本原因を解析する。その結果をインシデントとして通知する。

| 解答 | エ |

練習問題

問題 **15**
ネットワークノードマネージャ（JP1/Network Node Manager i、JP1/Network Node Manager i Advanced）において、適切なものはどれか。

- ○ **ア.** ノードの検出とトポロジマップの作成
- ○ **イ.** システムを業務視点でグループ化する監視ツリー
- ○ **ウ.** 監視サービスの自動検出
- ○ **エ.** 無許可接続PCの自動排除
- ○ **オ.** スマートフォンやUSBメモリなどのデバイス制御

解説

ネットワークノードマネージャ（JP1/Network Node Manager i、JP1/Network Node Manager i Advanced）は、監視対象ノードを自動的に検出し、各機器の稼働・接続状況を管理できるトポロジマップを自動生成する。

【イ】：統合管理（JP1/Integrated Management）の機能説明である。システム上に分散する業務、サーバ、プロセス、リソースなどをグループ化して監視できる。

【ウ】：サービスレベル管理（JP1/Service Level Management）の機能説明である。管理者が実際のサービスにアクセスすると、アクセス先のURI（Uniform Resource Identifier）を自動検出して、検出されたURIを選択するだけで監視対象のサービスとして登録ができる

【エ】：IT資産・配布管理（JP1/IT Desktop Management 2）の機能説明である。正規の利用者に影響を与えずに、無許可接続したクライアントPCだけをネットワークから自動排除できる。排除とは、論理的にネットワークから切り離すことを指す。

【オ】：情報漏えい防止（JP1/秘文）の機能説明である。スマートフォン、USBメモリなどのリムーバブルメディアなど、さまざまなデバイスを利用したデータのやりとりを制限できる。

解答	ア

101

第2章　モニタリング

> **問題 16**　機器管理オプション（JP1/Network Element Manager）の機能の説明として、適切なものはどれか。
>
> ○　**ア.**　サーバ/ネットワーク機器から収集したリソース情報のレポート作成
> ○　**イ.**　ネットワーク機器の稼働状況をリアルなパネル画面で管理
> ○　**ウ.**　IPv6とIPv4が混在したネットワーク環境を一元管理
> ○　**エ.**　クライアントのセキュリティ対策状況を一元管理
> ○　**オ.**　Webサービスを利用したインタフェースの提供

解　説

ネットワーク管理の機器管理（JP1/Network Element Manager）では、コネクタが外れているなど、具体的な障害の事象が画面上にリアルに表示されるため、遠隔地からでも障害場所を容易に特定できる。

【ア】：システムリソース/プロセスリソース管理（JP1/SNMP System Observer）のレポート機能の説明であり、レポートはHTML形式とCSV形式で作成が可能である。

【ウ】：ネットワークノードマネージャ（JP1/Network Node Manager i 、JP1/Network Node Manager i Advanced）の機能説明であり、冗長化されたルータグループの構成を自動認識できるなど、高度なネットワークに対する監視が実現できる。

【エ】：IT資産・配布管理（JP1/IT Desktop Management 2）の機能説明で、コンセプトカテゴリーはITコンプライアンスである。

【オ】：ネットワークノードマネージャ開発者ツールキット（JP1/Network Node Manager i Developer's Toolkit）の機能説明である。Webサービスを利用したインタフェースの提供により、ユーザアプリケーションから、ネットワークノードマネージャが保有しているインシデント情報、ノード情報などを取得・利用できる。

解答	イ

102

練習問題

問題
17

ネットワーク管理についての説明で、適切なものはどれか。

○ **ア.** ソフトウェアの起動抑止

○ **イ.** 業界標準のSNMPを採用

○ **ウ.** 統合機能メニュー

○ **エ.** ERP連携オプション

○ **オ.** サイレント障害検知

2
問題

解説

　JP1のネットワーク管理は、業界標準プロトコルであるSNMPを採用し、ファイアウォールやNATを介したネットワークも含めネットワークの一元管理を実現する。

　【ア】：IT資産・配布管理（JP1/IT Desktop Management 2）の禁止操作の抑止機能になる。企業内で使用することを禁止している通信ソフトウェアやゲームなどのインストール状態をチェックし、起動を抑止することで企業リスクを低減できる。

　【ウ】：統合コンソール（JP1/Integrated Management）の機能になり、システム管理に必要な連携製品の画面を簡単に呼び出すことができる。

　【エ】：ERP連携オプション（JP1/Automatic Job Management System 3 for Enterprise Applications）は、ジョブの1つとして、SAP ERPジョブを定義できる。

　【オ】：サービスレベル管理（JP1/Service Level Management）の機能になる。サービス状態をリアルタイムに監視し、いつもと異なる状態を検出する。

解答	イ

103

第2章　モニタリング

問題 18

　　ネットワークノードマネージャ（JP1/Network Node Manager i 、JP1/Network Node Manager i Advanced）の構成管理機能の説明として、空欄a、bの組み合わせとして適切なものはどれか。

トポロジマップは、サーバの種類や役割ごとにノードを【　a　】化・【　b　】化することによって、ニーズに合わせたさまざまな視点で構成を管理できる。

- ○　**ア.**　a：集中、b：自律
- ○　**イ.**　a：集中、b：暗号
- ○　**ウ.**　a：グループ、b：階層
- ○　**エ.**　a：グループ、b：仮想
- ○　**オ.**　a：分散、b：正規

解　説

　ノードをグループ化して表示し、階層化できるため、地域や拠点、フロアなどロケーションを意識したマップを作成して設置場所を可視化することができる。

| 解答 | ウ |

練習問題

問題 19 以下のネットワーク管理の機能に当てはまるオプションとして、適切なものはどれか。

取得したネットワーク管理情報をお客さま専用の使い慣れた管理情報サイトに表示してネットワーク管理情報を参照できる。

- ○ **ア.** システムリソース/プロセスリソース管理オプション
- ○ **イ.** ネットワークノードマネージャ開発者ツールキット
- ○ **ウ.** SOA連携オプション
- ○ **エ.** ジョブスケジューラソフトウェア開発キット
- ○ **オ.** 機器管理

解説

ネットワークノードマネージャ開発者ツールキット（JP1/Network Node Manager i Developer's Toolkit）は、Webサービスを利用したインタフェースを用いて、ユーザアプリケーションから、ネットワークノードマネージャが保有しているネットワーク管理情報（インシデント情報、ノード情報など）を取得・利用できる。

【ア】：システムリソース/プロセスリソース管理オプション（JP1/SNMP System Observer）は、ネットワーク上のシステムリソースをビジュアルに管理する。

【ウ】：SOA連携オプション（JP1/Automatic Job Management System 3 -SOA Option）は、ジョブスケジューラ（JP1/Automatic Job Management System 3）で定義したジョブとSOAシステム上の業務の連携を容易に実現できる。

【エ】：ジョブスケジューラソフトウェア開発キット（JP1/Automatic Job Management System 3 - Software Development Kit）は、Java言語で実装されたクラスライブラリの提供により、ジョブネットの登録や監視・操作を実現するアプリケーションを作成できる。

【オ】：機器管理（JP1/Network Element Manager）は、ネットワーク機器（ルータ、スイッチ）を見やすいパネル監視画面を使って監視するための製品である。

解答	イ

105

第3章
オートメーション

この章では、業務やIT運用の自動化によって、人的ミスを防ぎ、信頼性の高いシステム運用を実現する「オートメーション」について解説する。

この章の内容

- 3.1　オートメーションの概要
- 3.2　IT運用自動化
- 3.3　運用自動化
- 3.4　運用ナビゲーション
- 3.5　サービスポータル
- 3.6　ジョブ管理
- 3.7　ジョブスケジューラ
- 3.8　運用情報印刷
- 3.9　ジョブ定義情報の一括収集・反映
- 3.10　ERP連携
- 3.11　ファイル転送
- 3.12　高速大容量ファイル転送
- 3.13　スクリプト言語
- 3.14　電源管理
- 3.15　バックアップ管理
- 3.16　バックアップ管理（マルチプラットフォーム環境向け）
- 3.17　バックアップ管理（Windows環境向け）

第3章　オートメーション

理解度チェック

共通
- [ ] オートメーション
- [ ] オートメーションを構成する製品カテゴリー

運用自動化
- [ ] 運用手順と運用ノウハウ
- [ ] コンテンツ、テンプレート
- [ ] サービスとタスクと実行履歴

運用ナビゲーション
- [ ] フローチャート
- [ ] ガイダンス

サービスポータル
- [ ] クラウド基盤
- [ ] セルフサービスポータル

ジョブスケジューラ
- [ ] ジョブスケジューラ
- [ ] ジョブ
- [ ] ジョブネット
- [ ] ジョブの定義
- [ ] 判定ジョブ
- [ ] 処理サイクル
- [ ] ジョブネットの登録
- [ ] ジョブの実行
- [ ] 実行状況の監視
- [ ] ジョブネットモニタ
- [ ] デフォルトアイコン色
- [ ] ステータス監視
- [ ] サマリー監視
- [ ] 予実績管理
- [ ] 業務運用の操作履歴管理

ERP連携
- [ ] SAP ERPジョブ

ファイル転送
- [ ] ファイル転送
- [ ] 伝送カードに登録して伝送
- [ ] ファイル転送後、プログラムを起動
- [ ] ファイル転送履歴

高速大容量ファイル転送
- [ ] 多重化通信
- [ ] HTTPS通信

スクリプト言語
- [ ] スクリプト言語の定義
- [ ] メニュー作成
- [ ] テスト、デバック

電源管理
- [ ] 電源管理
- [ ] システムの自動開始と終了
- [ ] 分散環境での電源制御

バックアップ管理
（マルチプラットフォーム環境向け）
- [ ] 3階層集中管理
- [ ] 合成バックアップ
- [ ] 暗号化
- [ ] 仮想マシンでのバックアップ
- [ ] オンラインバックアップ
- [ ] NDMPサーバのバックアップ
- [ ] 遠隔地保管
- [ ] 重複データのバックアップ除外

バックアップ管理（Windows環境向け）
- [ ] テストジョブ機能
- [ ] ディザスタリカバリ
- [ ] 暗号化
- [ ] 仮想環境のバックアップ機能
- [ ] オンラインバックアップ
- [ ] オープンファイルバックアップ

3.1 オートメーションの概要

計画的に業務を実行するには、適切な運用計画と運用をサポートするジョブ管理製品が必須となる。また、複数の運用手順書を確認しながら手動で実行していた複雑なオペレーションを自動化する製品も必要となっている。JP1のオートメーションは、システム全体を「動かす」ためのコンセプトカテゴリーである。オートメーションは、「IT運用自動化」と「ジョブ管理」と「バックアップ管理」という製品カテゴリーで構成されている。

- **IT運用自動化**
  運用手順書をもとに手動で実行していた複雑なオペレーションを自動化する。日立製作所が培った運用手順のノウハウの提供により容易な導入を実現する。IT運用の効率向上と人的ミスの低減を図ることができる。

- **ジョブ管理**
  きめ細かく豊富なスケジューリング機能や予実績管理など、業務の自動化に必要な機能を提供している。クラスタ対応による信頼性向上、および業務量の増加・集中に柔軟に対応できる業務運用を実現する。

- **バックアップ管理**
  Windowsサーバ1台の小規模システムからマルチプラットフォーム環境の大規模システムまでのバックアップ／リカバリを実現する。

オートメーションによるPDCAの実現

JP1のオートメーションは、ビジネス環境における業務運用サイクルを「業務計画」「業務運用」「業務監視」「業務分析」のフェーズに分け、業務の自動化を可能にする。各フェーズの内容は以下のようになっている。

第3章 オートメーション

1. **業務計画フェーズ**
   ポリシーに基づいたシステム運用から業務運用までの自動化を実現するきめ細かな設定機能を提供する。

2. **業務運用フェーズ**
   さまざまな実行手段で業務を柔軟に自動化する機能を提供する。

3. **業務監視フェーズ**
   業務の実行状態から予実績管理までをビジュアルに監視する機能を提供する。

4. **業務分析フェーズ**
   サーバ稼働管理により業務の稼働情報を収集して分析・改善することで、安定的な業務運用を実現する。

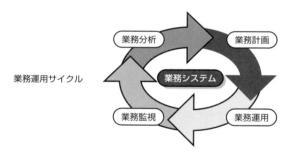

図3.1　オートメーションによるPDCAの実現

●ここがポイント！

似ているが意味の異なる用語についてしっかり理解しておこう。

- 「オートメーション」はコンセプトカテゴリー
- 「IT運用自動化」と「ジョブ管理」と「バックアップ管理」はオートメーションを構成する製品カテゴリー（製品群）

IT運用自動化

運用手順書をもとに手動で実行していた複雑なオペレーションを自動化する機能を提供する。このIT運用自動化を構成する主な製品は以下のとおりである。

表3.1 IT運用自動化を構成する主な製品

製品	概要
運用自動化	運用手順書に基づく人手により複雑なオペレーションを自動化し、オペレータが簡単に操作できる
運用ナビゲーション	運用作業の手順をフローチャートとガイダンスで可視化し、「どこから、どの順番で、何をすればよいか」をナビゲートする
サービスポータル	クラウド基盤の運用負担を軽減し、円滑なクラウド運用を実現する

 運用自動化
：JP1/Automatic Operation

運用自動化は、運用手順書に基づく人手による複雑なオペレーション（操作）を自動化し、オペレータが簡単に操作できる製品である。

運用自動化の構成

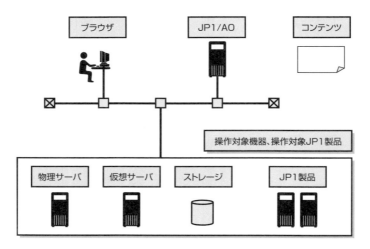

図3.2　運用自動化の構成

運用オペレーションの効率化

コンテンツの入手

　複数ソフトウェアの操作が必要な仮想マシン運用や、システム構成変更に伴う複数のサーバ上での設定作業など、IT運用において運用手順書を必要とする典型的な操作をテンプレート化し、コンテンツとして提供している。これらのコンテンツは運用ノウハウが盛り込まれているため、実用性が高く、すぐに利用できる。さらに運用に合わせたカスタマイズもできるため、幅広い適用が可能である。

　また、数か月ごとに追加コンテンツが提供され、サポートサービス契約を結んでいれば、追加コンテンツをWebよりダウンロードして利用できる。

3.3 運用自動化

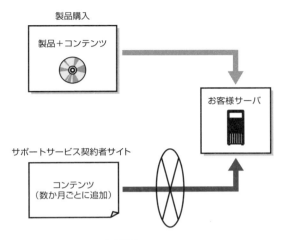

図3.3　コンテンツの入手概念

用語説明 ➡ **コンテンツ**

コンテンツとは、サービステンプレートと部品の総称である。サービステンプレートは、ITシステムのさまざまな運用手順を簡単に実行できるようにしたテンプレートである。部品とはIT運用を自動化するための処理の最小単位である。サービステンプレートをIT運用自動化基盤にインポートし、サービスとして追加し、サービスを実行し、タスクを確認することでIT運用の自動化が行える。
コンテンツは新規で作成したり、提供されているコンテンツを編集できる。

一連の処理の自動化

複数のマシンに対して行う同一の操作や、人の判断や処理が必要なために自動化が困難とされてきた部分も自動化フローに組み込むことができる。人手による操作が必要な場合は応答入力画面が表示され、対処後、自動実行を再開できる。

実行履歴の活用

IT運用に不可欠な「いつ」「誰が」「何をしたか」などの情報が実行履歴として残る。この履歴を活用することにより、実行が失敗したサービスの定義

113

第3章　オートメーション

の見直しや、実行頻度の高いサービスの効率化などに役立てることができる。さらに、これらを繰り返すことでIT運用全体の最適化が図れる。

　各フェーズの内容と運用自動化で対応しているものは以下のとおりである。

1. 運用の設計・開発（Plan）:
- さまざまなシステムで活用されそうなニーズの高いIT運用自動化部品・コンテンツを提供。➡運用自動化で対応
- 顧客の運用に応じてカスタマイズ
- 操作の実行先システムや入力パラメータを設計

2. 運用（Do）:
- 運用設計に基づいて、自動実行。➡運用自動化で対応
- 人の判断やハードウェアの確認などは手作業で実施

3. 運用結果の分析（Check）:
- ダッシュボードに運用状況をビジュアル表示。➡運用自動化で対応
- 実行履歴をモニタ画面表示、CSV出力。➡運用自動化で対応
- 実行履歴を加工してレポートにし、運用効率を分析

4. 運用の見直し（Action）:
- 実行が失敗した運用の定義の見直し
- 実行頻度が多い運用などの効率化を検討
- 自動化できていないIT運用の自動化を検討

◤●簡単な操作

サービス画面

　日々運用を行っているシステム管理者が扱いやすいように、シンプルなWeb画面となっている。システム管理者はサービスを選択し、パラメータを入力するだけの簡単な操作で運用オペレーションを実行できる。操作性の異なる複数のソフトウェアを使って実行していた操作が、少ないステップで確実に実行できるようになる。

3.3 運用自動化

さらに、あらかじめパラメータ値をサービスに登録しておくことで、入力するパラメータを最小限にすることができる。

図3.4 サービス画面例

タスク画面

サービスを実行すると、タスクが生成される。

タスク画面では、タスクのの進捗や履歴がひと目で確認でき、実行状況を把握できる。

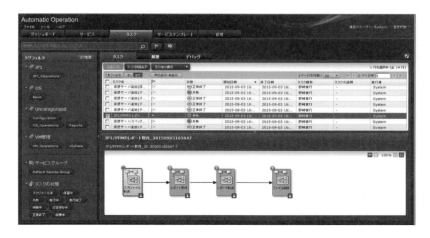

図3.5 タスク画面

タスク詳細画面

サービスの開始日時や終了日時、状態などが一覧表示されるため、サービスの実行状況がひと目で確認できる。また、サービス実行時の入力パラメータ情報、各処理の状態などの詳細情報も容易に確認できる。

図3.6　タスク詳細画面例

Service Builder画面

ユーザの運用に応じてサービステンプレートを新規に作成したり、編集したりできる。

また、部品についても、新規に作成したり、編集したりすることでユーザ独自の処理を定義できる。

3.3 運用自動化

図3.7 Service Builder画面

● 提供コンテンツの利用

提供されるコンテンツのサービステンプレートとして以下のものがある。

表3.2 提供されるサービステンプレート

名称	機能
監視設定追加	ネットワーク管理基盤（JP1/Cm2/Network Node Manager i、JP1/Cm2/Network Node Manager i Advanced）およびサーバ稼働管理（JP1/Performance Management）に複数の監視対象サーバを追加する
監視設定削除	ネットワーク管理基盤（JP1/Cm2/Network Node Manager i、JP1/Cm2/Network Node Manager i Advanced）およびサーバ稼働管理（JP1/Performance Management）から複数の監視対象ノードを削除する
JP1/Base監視設定追加	JP1/Baseの基本的なセットアップと監視設定を行う
JP1/Cm2の監視対象ノード追加	ネットワーク管理基盤（JP1/Cm2/Network Node Manager i、JP1/Cm2/Network Node Manager i Advanced）の監視対象に複数のノードを追加する

（次ページへ続く）

第3章 オートメーション

名称	機能
JP1/Cm2の監視対象ノード削除	ネットワーク管理基盤（JP1/Cm2/Network Node Manager i、JP1/Cm2/Network Node Manager i Advanced）の監視対象から複数のノードを削除する
JP1/PFMアラーム定義の複製	サーバ稼働管理（JP1/Performance Management）のアラーム定義を複製し、バインドする
運用ユーザ追加	OSユーザおよびJP1ユーザの追加と周辺設定を行う
運用ユーザ変更	OSユーザのパスワード変更、JP1ユーザのパスワード変更、それに伴うWindows版JP1管理基盤（JP1/Base）のパスワード管理情報に登録された内容を変更する
運用ユーザ削除	OSユーザおよびJP1ユーザの削除と、周辺設定を行う
JP1/AJSジョブネット実行登録	ジョブスケジューラ（JP1/Automatic Job Management System 3 - Manager）に定義されたルートジョブネットを実行する
JP1イベント取得	統合コンソール（JP1/Integrated Management - Manager）の統合監視DBからJP1イベントの情報を取得する
JP1/PFM - RMの監視対象一覧取得	サーバ稼働管理（JP1/Performance Management - Remote Monitor for Platform）の監視対象一覧を取得する
JP1/PFMのアラーム情報一覧取得	サーバ稼働管理（JP1/Performance Management）に定義されているサーバ稼働管理（JP1/Performance Management - Remote Monitor for Platform）のアラーム情報一覧を取得する
JP1/PFMのプロセス監視設定一覧取得	サーバ稼働管理（JP1/Performance Management）に設定しているサーバ稼働管理（JP1/Performance Management - Remote Monitor for Platform）のプロセス監視設定一覧を取得する
JP1ユーザの一覧取得	JP1管理基盤（JP1/Base）の認証サーバに登録されているJP1ユーザ一覧を取得する
JP1ユーザマッピング定義取得	JP1管理基盤（JP1/Base）のJP1ユーザとOSマッピング情報をユーザマッピング定義ファイルの形式で取得する
JP1/VERITASのバックアップ実行	バックアップ管理（JP1/VERITAS NetBackup）でバックアップを実行する
JP1/AJSのジョブネット計画確定実行登録	ジョブスケジューラ（JP1/Automatic Job Management System 3 - Manager）のジョブネットを計画実行登録、または確定実行登録する
JP1/AJSのジョブネット実行予実績出力	ジョブスケジューラ（JP1/Automatic Job Management System 3 - Manager）のジョブネットの実行予実績をファイルに出力する

3.3　運用自動化

名称	機能
JP1/Cm2の監視対象ノード一覧取得	ネットワーク管理基盤（JP1/Cm2/Network Node Manager i、JP1/Cm2/Network Node Manager i Advanced）の監視対象ノード一覧を取得する
運用ユーザ一括変更	OSユーザまたはJP1ユーザのパスワード変更と、JP1/Baseのパスワード管理情報変更を一括で行う
JP1/AJSのルートジョブネット削除	ジョブスケジューラ（JP1/Automatic Job Management System 3 - Manager）のルートジョブネットを削除する
JP1/IM-SSの案件登録	ITプロセス管理（JP1/Integrated Management - Service Support）に新規案件を登録する
JP1/IM-SSの案件情報更新	ITプロセス管理（JP1/Integrated Management - Service Support）に登録した案件の案件情報を更新する
JP1/VERITASのインスタントリカバリ実行	バックアップ管理（JP1/VERITAS NetBackup）サーバで仮想サーバのインスタントリカバリジョブを実行し、実行中のインスタントリカバリジョブの詳細リストを出力ファイル（ローカル）に出力する
JP1/VERITASのインスタントリカバリ終了	バックアップ管理（JP1/VERITAS NetBackup）サーバでインスタントリカバリ中の仮想サーバのリストアを行う
JP1/PFMのレポート取得	サーバ稼働管理（JP1/Performance Management - Manager）で収集したサーバ稼働管理（JP1/Performance Management - Remote Monitor for Platform）のレポートを取得する
JP1/AJS・JP1/Baseログ取得	指定したサーバのJP1管理基盤（JP1/Base）とジョブスケジューラ（JP1/Automatic Job Management System 3 - Manager）の資料採取ツールを実行する
JP1/IM・JP1/Baseログ取得	指定したサーバのJP1管理基盤（JP1/Base）と統合コンソール（JP1/Integrated Management - Manager）の資料採取ツールを実行する
JP1イベントの登録	エージェントサーバにJP1イベントを登録する
リモートコマンド実行	指定したサーバに格納済みのコマンドを実行して結果を出力する
Chef Clientの登録	Chef ClientサーバをChef Serverに登録する
Puppet Enterprise Agentの登録	Puppet Enterprise AgentサーバをPuppet Enterprise Masterに登録する
OSユーザの一覧取得	Windows/LinuxのOSユーザの一覧を取得する
OSユーザの一覧一括取得	Windows/LinuxのOSユーザの一覧を、CSVファイルからサーバ一覧を取得して一括取得する

（次ページへ続く）

3
解説

第3章　オートメーション

名称	機能
仮想サーバの追加 （デプロイ）	Amazon EC2環境で、仮想サーバを作成（Amazon EC2では、インスタンスの起動という）する
仮想サーバの削除	Amazon EC2環境で、インスタンスを削除する。また、インスタンスに接続しているすべてのネットワークインタフェースも削除する
仮想サーバの起動	Amazon EC2環境で、複数のインスタンスを起動する
仮想サーバの停止	Amazon EC2環境で、複数のインスタンスを停止する
仮想サーバの追加 （デプロイ/OS初期設定）	Hyper-V環境で、仮想サーバを作成する
仮想サーバの追加 （仮想ディスク）	Hyper-V環境で、仮想サーバにディスクを追加する
仮想サーバの削除	Hyper-V環境で、仮想サーバを削除する
仮想サーバの起動	Hyper-V環境で、複数の仮想サーバを起動する
仮想サーバの停止	Hyper-V環境で、複数の仮想サーバのOSを強制的にシャットダウンする
仮想サーバの再起動	Hyper-V環境で、複数の仮想サーバを再起動する
仮想サーバの情報一覧取得	Hyper-V環境で、仮想サーバの情報一覧を取得する
仮想サーバの追加 （デプロイ/OS初期設定）	Hyper-V2012環境で、仮想サーバを作成する
仮想サーバのスペック変更 （CPU、メモリ）	Hyper-V2012環境で、仮想サーバのスペック（CPU、メモリ）の設定を変更する
仮想サーバの削除	Hyper-V2012環境で、仮想サーバを削除する
仮想サーバの追加 （仮想ディスク）	Hyper-V2012環境で、仮想サーバに仮想ディスクを追加する
仮想サーバの起動	Hyper-V2012環境で、複数の仮想サーバを起動する
仮想サーバの停止	Hyper-V2012環境で、複数の仮想サーバのOSをシャットダウンする
仮想サーバの再起動	Hyper-V2012環境で、複数の仮想サーバを再起動する
仮想サーバの情報一覧取得	Hyper-V2012環境で、仮想サーバの情報一覧を取得する
仮想サーバの追加 （デプロイ/OS初期設定）	OpenStack管理下のKVM環境で、仮想サーバを作成（OpenStackでは、インスタンスの起動という）する
仮想サーバの追加 （仮想ディスク）	OpenStack管理下のKVM環境で、インスタンスにボリュームを追加する

3.3 運用自動化

名称	機能
仮想サーバの削除	OpenStack管理下のKVM環境で、インスタンスを削除する。また、インスタンスにFloating IPアドレスが設定されている場合、Floating IPアドレスの割り当てを解除する
仮想サーバの削除 （仮想ディスク）	OpenStack管理下のKVM環境で、インスタンスに接続されているボリュームを切断する
仮想サーバの起動	OpenStack管理下のKVM環境においてインスタンスを起動する
ボリュームのバックアップ	OpenStack管理下のKVM環境で、ボリュームのバックアップを取得する
仮想サーバの情報一覧取得	OpenStack管理下のKVM環境の、指定したプロジェクトに含まれるインスタンス情報一覧を取得する
Windows更新プログラムのインストール	Windows Update機能による更新プログラムの自動インストールを行う
仮想サーバ追加（LU作成/データストア作成）	ストレージシステム上にLUを作成し、VMware vSphere ESXiまたはVMware ESX Serverにデータストアを作成する
仮想サーバ追加 （デプロイ/OS初期化）	VMware vSphere環境にテンプレートを用いて仮想サーバを追加する
仮想サーバ追加 （仮想ディスク）	複数の仮想サーバにディスクを追加する
仮想サーバ削除	VMware vSphere環境の仮想サーバを削除する
仮想サーバ削除 （仮想ディスク）	VMware vSphere環境において、仮想サーバのディスクを削除する
仮想サーバ削除（データストア削除/LU削除）	VMware vSphere ESXiまたはVMware ESX Serverのデータストアを削除し、ストレージシステム上のLUを削除する
仮想サーバスペック変更 （CPU、メモリ）	VMware vSphere環境の仮想サーバのリソース（CPU数、メモリ容量）を変更する
仮想サーバ起動	VMware vSphere環境の複数の仮想サーバの電源状態をONに設定する
仮想サーバ停止	VMware vSphere環境の複数の仮想サーバの電源状態をOFFに設定する
仮想サーバ再起動	VMware vSphere環境の複数の仮想サーバを再起動する
仮想サーバマイグレーション	VMware vSphere環境の複数の仮想サーバをマイグレーションする
仮想サーバ追加（LU作成/データストア作成）環境確認	仮想サーバ追加（LU作成/データストア作成）サービスの前提環境を確認する

（次ページへ続く）

3
解説

名称	機能
仮想サーバ追加（デプロイ/OS初期設定）環境確認	仮想サーバ追加（デプロイ/OS初期化）サービスの前提環境を確認する
仮想サーバ情報一覧取得	仮想サーバ情報の一覧を取得する
ストレージ情報一覧取得	ストレージ情報の一覧を取得する
仮想サーバのスナップショット	VMware vSphere環境で、仮想サーバの状態をスナップショットを用いて更新する
vCenterサーバ経由でのスクリプト実行	VMware vSphere環境で、指定した非対話型のスクリプトファイルを実行対象サーバから仮想サーバのゲストOSに送信し、ゲストOS上でスクリプトファイルを実行する。その後、不要な場合はスクリプトを削除できる
仮想サーバのクローン作成	VMware vSphere環境で、仮想サーバのクローンを作成する
仮想サーバのクローン削除	VMware vSphere環境で、仮想サーバのクローンを削除する

> **事例　仮想サーバの追加**
>
> 　頻度の高い仮想マシンのプロビジョニングでは、必要な作業手順が多い上に作業ごとに操作するソフトウェアが異なるため、操作が複雑になる。コンテンツを活用すれば、仮想マシンの作成、OSの初期化などの処理を簡単に実行できる。
>
> **仮想マシンのプロビジョニングで活用するコンテンツ**
> 1. 仮想サーバ追加（LU作成/データストア作成）のサービステンプレート
> 2. 仮想サーバ追加（デプロイ/OS初期化）のテンプレート
>
>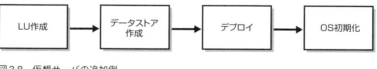
>
> 図3.8　仮想サーバの追加例

事例 JP1監視の一括設定

　JP1製品を利用してサーバの監視を行っている場合、サーバの追加・削除に伴い、監視対象サーバおよび監視マネージャサーバ上で複数のJP1製品の設定を行う必要がある。コンテンツを活用すれば、JP1管理基盤（JP1/Base）、サーバ稼働管理（JP1/Performance Management）、ネットワーク管理基盤（JP1/Cm2/Network Node Manager i、JP1/Cm2/Network Node Manager i Advanced）の監視設定など、サーバの追加・削除時に必要な一連の設定変更を一括で実行できる。

JP1製品の設定で活用するコンテンツ
1. JP1/Base監視設定追加
2. JP1/PFM監視設定追加
3. JP1/Cm2監視設定追加

図3.9　JP1監視の一括設定例

事例 統合コンソールとの連携による障害時の初動対応

　障害発生時の対応はスピードと正確性が問われるが、対応者の経験値によって対応内容や対応時間にばらつきが発生する場合がある。統合コンソール（JP1/Integrated Management）の自動アクション機能を使用すれば、障害発生のイベント受信を契機としてサービスを自動起動し、死活確認やランプチェック、責任者へのメール配信などの一連の処理を自動化できる。ハードウェアのランプチェックなど、人による判断・作業が必要な場合は応答入力待ちとなり、対処後自動実行を再開できる。これにより、障害対応時の運用ノウハウを共有できると同時に対応時間が短縮できる。

第3章　オートメーション

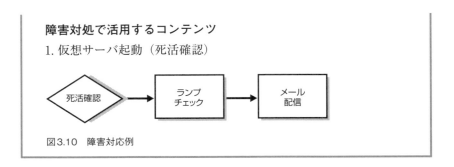

図3.10　障害対応例

3.4 運用ナビゲーション
：JP1/Navigation Platform

　運用作業の手順をフローチャートとガイダンス（解説）で可視化し、「どこから、どの順番で、何をすればよいか」をナビゲートする。可視化した手順やノウハウを組織内で共有することで、担当者の経験による作業のばらつきがなくなり、組織全体としての業務の質や効率を向上させることができる。

◆ 運用手順やノウハウの可視化

　熟練担当者や運用管理者が持つスキルや個人がそれぞれの経験から獲得したノウハウを、フローチャートとガイダンス（解説）で可視化し、「どこから、どの順番で、何をすればいいのか」をナビゲートする。これを組織内で共有することで、スキルや経験によって生じる作業のばらつきがなくなり、組織全体としての業務の質や効率を向上させることができる。担当者は、フローチャートで作業の全体像を把握しながらガイダンスに表示された作業内容を確認することで、迷うことなく作業を進められる。
　さらに、運用手順を可視化し、組織内で共有することで、作業の改善すべきポイントや作業に対する要望などが明確になり、これらをフィードバック

3.4 運用ナビゲーション

することで運用手順を継続的に改善できる。また、Webブラウザ環境さえあれば、運用手順の編集も容易である。

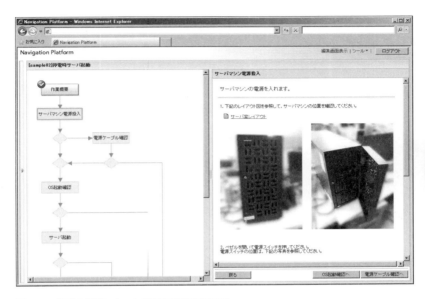

図3.11 運用ナビゲーション基盤の業務実行画面

◆ 運用手順の操作ログ出力

　画面上の運用手順の操作ログを保存することができる。担当者が運用手順どおりに作業を実行したかを確認したり、操作時間を分析して業務改善に役立てたいといった場合に、この操作ログを分析することで、運用実績の確認や作業のボトルネックを把握でき、運用手順の改善に役立てることができる。また、手作業による作業実績の記録が不要になるため、作業後に担当者の記憶を頼りに作業実績を記録して、作業実績の報告でミスをしてしまうことを防止できる。

JP1連携

統合コンソール（JP1/Integrated Management）やITプロセス管理（JP1/Service Support）、運用自動化（JP1/Automatic Operation）と連携し、業務実行画面を呼び出すことができ、必要な作業を確認しながら対処できる。

3.5 サービスポータル
: JP1/Service Portal for OpenStack

サービスポータルは、クラウド基盤（OpenStack）の運用負担を軽減し、円滑なクラウド運用を実現する。

利用者のニーズに合わせた使いやすいダッシュボード画面、承認プロセスの追加、およびオペレーションの自動化などを備えたポータルにより、利用者、管理者双方の運用負担を軽減する。

利用者に使いやすいセルフサービスポータル

リソースの使用状況は、ダッシュボードにおいてひと目で確認できる。さらに、カタログ形式で表示された仮想マシンやディスクの種類の中から該当するカタログを選択することで、インスタンスの作成やボリュームの割り当てといった操作ができる。

3.5 サービスポータル

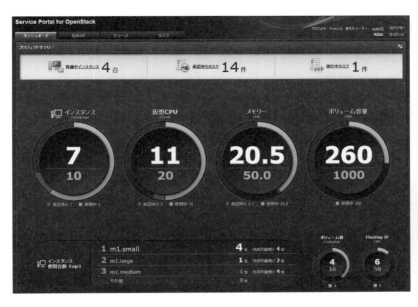

図3.12 サービスポータルの表示画面

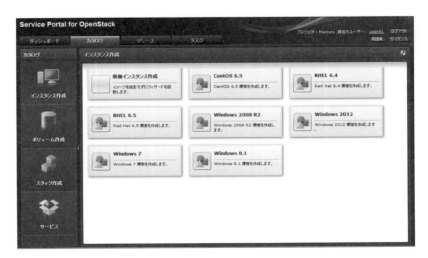

図3.13 インスタンス作成のカタログ画面

第3章　オートメーション

承認プロセスによる運用の統制

セルフサービスポータルで利用者が直接操作する仮想マシンの作成・削除、ディスクのボリューム割り当てといった作業の中に、管理者による承認プロセスを設けることができる。

3.6　ジョブ管理

業務実行のスケジューリングや予実績管理など、業務の自動化に必要な機能を提供する。このジョブ管理はジョブスケジューラを中心にいくつかのオプション製品から構成されている。

ジョブ管理を構成する主な製品は以下のとおりである。

表3.3　ジョブ管理を構成する主な製品

製品	概要
ジョブスケジューラ	多様化する業務を自動化し、担当者の負担の軽減や業務の安定稼働を実現する
ERP連携	SAP ERPシステムとの連携が可能になり、ジョブスケジューラのジョブの1つとしてSAP ERPジョブを定義できる
ファイル転送	ファイル伝送の標準的なプロトコルのFTP手順を使用し、業務と連携したファイル送受信、受信後のプログラムの自動起動など、定型業務でファイル伝送をする場合に有効な機能を提供する
高速大容量ファイル転送	日本国内・海外を問わず、遠隔地とのデータのやりとりに適したデータ転送を実現する インターネット経由で、大容量のデータを高速・高品質・安全に転送できる
スクリプト言語	各種OSで共通のシェルスクリプト実行環境およびシェルスクリプトの開発・テスト環境を提供する Windows上でジョブ実行環境を構築できる
電源管理	サーバ装置の電源のON／OFFを制御する 各サーバの業務の終了を待ってからシステムを停止またはリブートするなどもできる

128

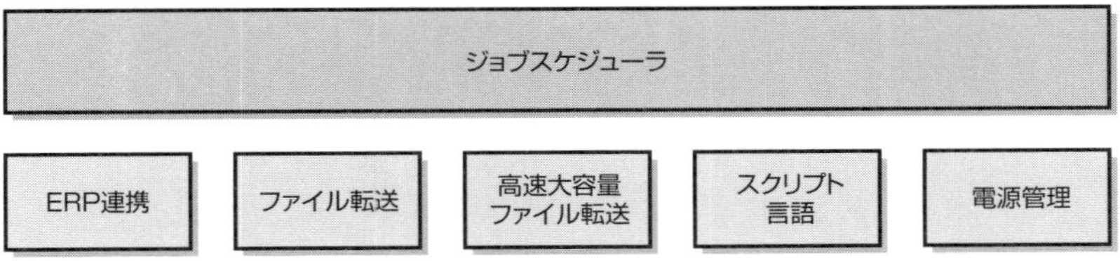

3.7　ジョブスケジューラ

図3.14　ジョブ管理の構成イメージ

3.7 ジョブスケジューラ
: JP1/Automatic Job Management System 3

ジョブスケジューラは、ジョブの定義から実行指示、監視、実績管理など、業務の自動運用に必要な機能を備え、GUI画面で簡単に操作できる。また、連携製品と組み合わせることで、さまざまな業務に適した運用を実現できる。

事例　集計業務の運用

日中は、オペレータが受注品目や受注金額を入力したときだけデータベースを更新し、受注伝票を出力する。毎日終業時に支店内の売上合計を算出し、夜間に全支店の売上げ合計を本社で集計する。集計が終了したらデータベースを更新する。

夜間に、日中入力された情報を、受注票の項目ごとに作成された分野別データベースに登録する。

経理業務で、毎月5・10・15・20・25日に自動的に出納票を作成し、出力する。該当する日が休業日の場合は、翌日に振り替えて処理を実行する。

第3章　オートメーション

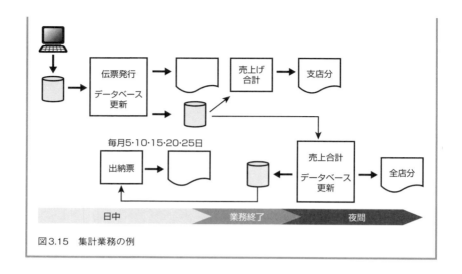

図3.15　集計業務の例

ジョブスケジューラのプログラム構成

ジョブスケジューラのプログラム構成は以下のとおりである。ただし、前提となるJP1管理基盤は省略している。

- ジョブスケジューラ - マネージャ
  (JP1/Automatic Job Management System 3 - Manager)
  ジョブネットやスケジュールの定義を保存し、ジョブネットの実行を管理する。ジョブの実行時には、実行するジョブをジョブスケジューラ - エージェント (JP1/Automatic Job Management System 3 - Agent) に指示し、実行状況、実行結果の情報を受け取る。ジョブスケジューラ - マネージャは、ジョブ実行制御のジョブスケジューラ - エージェント機能も持っているので、自らエージェントとしてジョブの実行もできる。ジョブスケジューラ - マネージャには、Web GUI機能と運用情報印刷機能も提供されている。
  Web GUI機能は、Webブラウザより実行中のジョブネットの状態確認や、保留ジョブの解除・ジョブネットの実行を行うことができる。

3.7 ジョブスケジューラ

運用情報印刷機能は、ジョブネットやスケジュール情報などの管理業務に必要な各種レポートの作成を支援する。

- ジョブスケジューラ - エージェント
  (JP1/Automatic Job Management System 3 - Agent)
  ジョブを実行するためのエージェントプログラム。ジョブスケジューラ - マネージャ（JP1/Automatic Job Management System 3 - Manager）から指示されたジョブを実行する。

- ジョブスケジューラ - ビュー
  (JP1/Automatic Job Management System 3 - View)
  GUIを使ってジョブスケジューラを操作するためのプログラムである。ジョブスケジューラ - マネージャ（JP1/Automatic Job Management System 3 - Manager）に接続し、ジョブネットの定義や操作、実行状況や結果の表示などを行う。
  ジョブスケジューラ - ビューには、運用情報印刷機能のビューも提供されている。
  運用情報印刷機能のビューは、各種レポートの作成などの操作を行う。

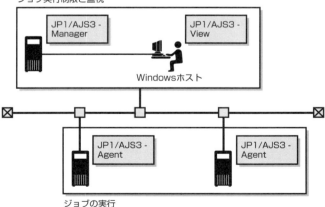

(注) JP1/AJS3：JP1/Automatic Job Management System 3

図3.16 ジョブスケジューラのプログラム構成
（前提製品であるJP1管理基盤（JP1/Base）は省略）

第3章 オートメーション

ジョブスケジューラの主な機能は以下である。詳細については以降で解説していく。

- **ジョブの定義**：ジョブの実行条件やスケジュールの定義を行う。
- **ジョブの実行**：定義したジョブネットの実行、キュー制御などを行う。
- **実行状況の監視**：ジョブの実行状況をリアルタイムに表示する。
- **運用情報印刷**：定義したジョブネット情報の各種レポートを作成する。

ジョブの定義

ジョブのスケジューリングのためのジョブの定義を行う。定義内容は、ジョブグループ定義、ジョブネット定義、起動条件の定義からなる。

ジョブグループ定義

ジョブグループとは、ジョブネットの集まりである。ジョブグループの定義では、営業業務、経理業務などのように分けて定義する。

ジョブネット定義

ジョブの実行順序や条件を定義する。定義するには、ジョブネットエディタウィンドウで「関連線」と呼ばれる矢印でジョブ同士をつないでいく。このつながれた一連のジョブがジョブフローとなる。

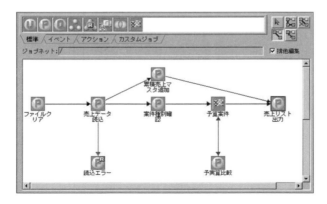

図3.17　ジョブネットエディタウィンドウ

3.7 ジョブスケジューラ

用語説明 ⇒ ジョブ、ジョブネット、ジョブグループ

ジョブスケジューラでは、業務をジョブ、ジョブネット、ジョブグループという単位で管理する。これらジョブ、ジョブネット、ジョブグループを定義していくことで自動化したい業務を定義する。

- **処理の最小単位がジョブ**

  たとえば、受注処理という業務を考えた場合、「受注データを入力する」「在庫数をチェックする」「受注伝票を作成する」というように、複数の処理から成り立っている。この「受注データを入力する」や「在庫数をチェックする」など、個々の処理のことを「ジョブ」と呼ぶ。

- **ジョブをまとめたものがジョブネット**

  いくつかのジョブをまとめ、その実行順序を決めたものを「ジョブネット」と呼ぶ。以下の図では「日報処理」「受注処理」がジョブネットにあたる。

- **ジョブネットをまとめたものがジョブグループ**

  さらに、複数のジョブネットをまとめたものを「ジョブグループ」と呼ぶ。たとえば、「受注処理」「日報処理」「入庫処理」などのジョブネットを「在庫管理業務」というグループにまとめることができる。この「在庫管理業務」がジョブグループになる。「在庫管理業務」「営業業務」「経理業務」など、業務の種類ごとにジョブネットを分類しておけば、管理しやすくなる。また、カレンダー情報（業務の運用日と休業日についての情報）は、ジョブグループごとに定義する。

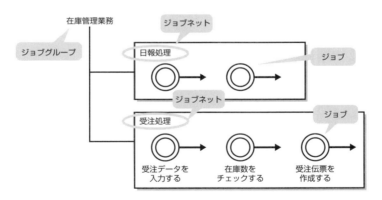

図3.18 ジョブ、ジョブネット、ジョブグループ

ジョブフローは、先行ジョブと後続ジョブからなる単純なものから複雑な組み合わせも可能である。代表的なパターンについて解説する。

- **順次実行**

  業務を構成するジョブネットワーク要素の最小単位がジョブである。ジョブスケジューラでは、いくつかの処理に実行順序を付けて業務を定義するが、個々の処理がジョブに相当する。

  ジョブを定義する際、ジョブを実行するサーバや実行するexeファイル、バッチファイル、コマンド、スクリプトファイルなどを指定する。終了判定は、正常/警告/異常、それぞれのしきい値を設定できる。個々のジョブは、以下の図のように実行順に並べて順番を決める。この一連のジョブがジョブネットである。このとき、ジョブAをジョブBの先行ジョブ、ジョブCをジョブBの後続ジョブと呼ぶ。

  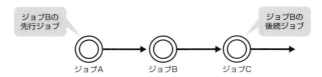

  図3.19　順次実行のジョブネット例

- **処理の経路が複数ある場合**

  処理の経路が複数ある場合のジョブフロー例を以下に示す。この場合、ジョブAが実行されると、「ジョブA-ジョブB-ジョブC」というパスと「ジョブA-ジョブD-ジョブE」というパスの2つに処理が分岐する。

  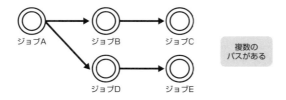

  図3.20　処理の経路が複数ある場合のジョブネット例

判定ジョブ

判定ジョブとは、実行する条件に合致しているかしていないかを判定するジョブである。判定ジョブの判定によって実行されるジョブを「従属ジョブ」

と呼ぶ。判定ジョブには、従属ジョブを実行させるための判定条件を設定する。条件が成立した場合は従属ジョブが実行され、そのあとに後続ジョブが実行される。条件に合致しない場合は、従属ジョブを実行しないでそのまま後続ジョブを実行する。ただし、従属ジョブが異常終了した場合、後続ジョブは実行されない。

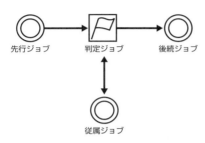

図3.21　判定ジョブを使用したジョブネット例

判定ジョブによる判定方法には、以下の3つがある。

表3.4　判定ジョブによる判定方法

判定方法	概要
先行ジョブの終了コードによる判定	判定値を設定し、先行ジョブの終了コード（戻り値）と比較した結果がどのような場合に従属ジョブを実行させるかを定義する。 例：終了コードが判定値より大きい
ファイルの有無による判定	ファイル名を指定し、指定したファイルがマネージャホストにあるか、ないかによって従属ジョブを実行させるかどうかを定義する。 例：ファイルがあった場合に従属ジョブを実行する
変数比較による判定	ルートジョブネット、または先行ジョブから引き継いだ引き継ぎ情報がどのような場合に従属ジョブを実行させるかどうかを定義する

起動条件の定義：スケジュールルールに従う

ジョブネットの実行開始日時や処理サイクル、実行日が休日と重なった場合の振り替え方法など、実行スケジュールを計算するための細かいルールを規定したものを「スケジュールルール」と呼ぶ。ジョブネットの実行予定は、このスケジュールルールとカレンダーに従って計算される。

第3章　オートメーション

そして、カレンダーはユーザが休日を設定できる。

用語説明 ⇒ 処理サイクル

処理サイクルとは、ジョブネットの「実行周期」のことである。処理サイクルを設定することによって、1つのジョブネットを3日置きに実行する、1週間ごとに実行するなど、一定の周期で繰り返し実行することができる。
なお、処理サイクルの設定が同じでも、実行開始日の指定方法によって実行日が異なる場合がある。実行開始日の指定方法による実行日の違いの例を次に示す。ここでは、処理サイクルは、「1月ごとに実行する（毎月実行する）」を設定しているものとする。

■実行例1　実行開始日：8月1日

<8月>

日	月	火	水	木	金	土
		①	2	3	4	5
6	7	8	9	10	11	12
13	14	15	16	17	18	19
20	21	22	23	24	25	26
27	28	29	30	31		

<9月>

日	月	火	水	木	金	土
					①	2
3	4	5	6	7	8	9
10	11	12	13	14	15	16
17	18	19	20	21	22	23
24	25	26	27	28	29	30

<10月>

日	月	火	水	木	金	土
①	2	3	4	5	6	7
8	9	10	11	12	13	14
15	16	17	18	19	20	21
22	23	24	25	26	27	28
29	30	31				

■実行例2　実行開始日：8月第1木曜日

<8月>

日	月	火	水	木	金	土
		1	2	③	4	5
6	7	8	9	10	11	12
13	14	15	16	17	18	19
20	21	22	23	24	25	26
27	28	29	30	31		

<9月>

日	月	火	水	木	金	土
					1	2
3	4	5	6	⑦	8	9
10	11	12	13	14	15	16
17	18	19	20	21	22	23
24	25	26	27	28	29	30

<10月>

日	月	火	水	木	金	土
1	2	3	4	⑤	6	7
8	9	10	11	12	13	14
15	16	17	18	19	20	21
22	23	24	25	26	27	28
29	30	31				

図3.22　処理サイクル：実行日の違いの例

そのほかのスケジュールとして以下のものがある。

● **起算スケジュール**

上旬、中旬、下旬を起点とした業務実行などのスケジュールにも対応できる。

● **ルートジョブネットの計画切り替え実行**

指定した日時からルートジョブネットを自動的に切り替えて業務を運用できる。切り替えたジョブネットの情報をリリース管理（履歴）として

3.7　ジョブスケジューラ

確認できる。

● **排他スケジュール**

同一実行日に実行させたくないジョブネットを指定できる。

起動条件の定義：イベントの発生を契機とする

ジョブネットは、実行開始時刻を指定して実行させる方法のほかに、ジョブネットに条件を設定しておき、その条件の成立を契機に実行させる方法がある。イベントの受信やファイルの更新などのような事象（イベント）の発生を契機に処理を実行させる場合は、イベントジョブを使ってジョブネットを定義する。主なイベントジョブには以下のものがある。

表3.5　定義できるイベントの種類

イベントジョブ	概要
JP1イベント受信監視ジョブ	JP1イベントの受信を契機に処理を実行する
ファイル監視ジョブ	ファイルの更新を契機に処理を実行する
ログファイル監視ジョブ	ログファイルに特定の情報が書き込まれたことを契機に処理を実行する
Windowsイベントログ監視ジョブ	Windowsイベントログファイルに特定の情報が書き込まれたことを契機に処理を実行する
実行間隔制御ジョブ	時間の経過を監視して処理を実行する

以下その詳細を解説する。

JP1イベント受信監視ジョブ

JP1イベントとは、JP1管理基盤（JP1/Base）で管理されるJP1シリーズプログラムで事象が発生するたびに発行されるイベントである。JP1イベントは、エラー、警告、通知などの重大度やメッセージなどの情報を持っているため、エラーや警告イベントの受信や、特定のメッセージの受信を契機に後続ジョブやジョブネットを実行させることができる。

137

第3章　オートメーション

ファイル監視ジョブ

　ファイル更新や新規ファイルの作成などを契機にジョブを実行するジョブ
ネットの定義には、ファイル監視ジョブを使用する。ファイル監視ジョブの
定義では、監視対象のファイルがどのような状態になったときに条件成立と
するのかを指定する。監視条件は、次の4つから設定できる。

- 指定したファイル名のファイルが作成されたとき
- 指定したファイル名のファイルが削除されたとき
- 指定したファイル名のファイルのサイズが変更されたとき
- 指定したファイル名のファイルの最終書き込み時刻が更新されたとき

　なお、ファイルの作成を監視条件とした場合、ファイル監視ジョブが「実
行中」状態になった時点で指定したファイルがすでに存在するとき、ファイ
ル監視ジョブの監視条件を成立させるかどうかを指定できる。

　ファイルの削除、サイズ変更、最終書き込み時刻変更を指定した場合に、
監視開始の時点で監視対象のファイルがなかったときは、指定したファイル
名のファイルが新規作成されたあと、削除、サイズ変更、最終書き込み時刻
変更されたときに条件成立となる。

　また、監視条件は複数指定することもできる。たとえば、ファイルが削除
または更新されたら後続ジョブを実行するように定義する場合は、ファイル
の削除と最終書き込み時刻変更を指定できる。ただし、ファイルのサイズ変
更と最終書き込み時刻変更を同時に指定することはできない。

ログファイル監視ジョブ

　ログファイル監視ジョブは、JP1管理基盤のログファイルトラップ機能を
使って実行される。JP1管理基盤のログファイルトラップ機能とは、アプリ
ケーションプログラムが出力するログファイルのレコードをJP1イベントに
変換して、イベントデータベースに登録するものである。ログファイルト
ラップ機能と連携し、指定したログファイルに特定の情報が書き込まれたこ
とを契機にジョブやジョブネットを実行させることができる。

138

Windowsイベントログ監視ジョブ

Windowsイベントログ監視ジョブは、Windowsイベントログトラップ機能を使って実行する。イベントログトラップ機能では、WindowsイベントログのレコードをJP1イベントに変換してイベントデータベースに登録する。Windowsイベントログ監視ジョブを定義することで、Windowsイベントログの受信を契機にジョブやジョブネットを実行させることが可能になる。

実行間隔制御ジョブ

何分間待ってからジョブを実行する、というようなジョブネットの定義には、実行間隔制御ジョブを使用する。たとえば、次のように定義する。

例：「先行ジョブが異常終了したら、10分後にリカバリジョブを実行する」

ジョブの実行

ジョブネットの登録

スケジュール定義を行ったジョブネットは、実行登録することでジョブスケジューラでスケジュールされ、自動運用が開始する。

ジョブネットの実行登録には、以下の3つの方法がある。

表3.6 ジョブネットの登録方法

方法	概要
即時実行登録	スケジュール定義やカレンダー定義に関係なく、実行登録と同時に1回だけジョブネットが実行される。ジョブネットにスケジュール情報が設定されている場合でも即時に実行する
計画実行登録	ジョブネットのスケジュール定義やジョブネットが属するジョブグループのカレンダー情報に基づいて実行予定をスケジュールする
確定実行登録	期間を指定して実行登録する方法、未来世代数（実行回数）を指定して実行登録する方法、およびジョブネットのスケジュール定義に関係なく日時を指定して予定を追加する方法がある

第3章　オートメーション

実行エージェントの管理

　エージェント管理機能は、ジョブを実行するジョブスケジューラ-エージェントの情報を実行エージェントとして管理する。実行エージェントとは、実際にジョブを実行する物理的なサーバのホスト名に対応したジョブスケジューラ上の論理的な名称で、ジョブを実行するサーバのホスト名をジョブの定義から分離することで、ジョブ定義の移行性を確保している。

　また、実行エージェントは、ジョブ実行多重度やジョブ配信制限などの操作により同時実行ジョブ数の制限などを行うことができる。

ジョブの実行

　ジョブ実行制御機能やサブミットジョブ実行制御機能により、ジョブを実行する。

　ジョブ実行制御機能では、実行エージェントを使ってジョブを実行する。実行エージェントに指定されたジョブ実行多重度以上のジョブを実行しようとした場合は、メモリ上に蓄積されジョブの実行終了を待って順次実行される。

　サブミットジョブ実行制御機能では、キューとエージェントを使ってジョブを実行する。キューとは、同時に実行されるジョブの数が多くなりすぎないよう、実行登録されたジョブを一時的に貯めておくところであり、ファイルシステムにより構成される。

用語説明 ➡ キュー

キューは、同時に実行されるジョブの数が多くなりすぎないよう、実行登録されたジョブを一時的に貯めておくところである。キューには、1つまたは複数のエージェントが接続されている。キューに登録されたジョブは、キューの中に順番に並べられ、そのキューに接続されているエージェントに対して順次実行される。ただし、ジョブで指定した排他実行リソースがほかのジョブで使用されていた場合など、ジョブを転送できない状況にあるとジョブを転送する順番が入れ替わることがある。

キューに登録できるジョブの最大値は任意に定義できる。また、複数のジョブを同時に実行できる。しかし、システムの能力を超えた数のジョブを実行すると、実行性能が低下したり、リソース不足でエラーが発生したりする。たとえば、システム搭載メモリに適した数以上のジョブを同時に実行すると、スワップが多発して実行性能が大幅に低下する。さらに多くのジョブを実行するとメモリ不足のためジョブが異常終了するなどのエラーが発生する。

キューは、このような状況を防ぎ、効率良くジョブを実行できるようにするため、同時に実行

140

するジョブ数が増えると、制限値を超えたジョブを待たせて順番にエージェントへ転送する。キューの仕組みを以下の図に示す。

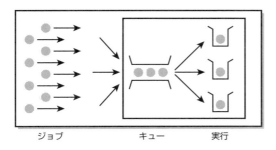

図3.23　キューの仕組み

そのほかにジョブ実行制御として、分散実行と再実行がある。

- **分散実行**
  複数サーバ間（マネージャとエージェント）にまたがるジョブの設定と実行が可能である。

- **再実行**
  異常終了したジョブやジョブネットを各種ポイントから再実行できる。豊富なパターンの再実行方法（異常終了ジョブから、異常終了ジョブの次から、先頭から、など）がある。

- **自動リトライ**
  リトライ回数と間隔を指定しておくと、ジョブの異常終了時に自動的にリトライ（再実行）できる。

実行状況の監視

　ジョブの実行状況を監視するためには、ジョブネットモニタによる実行監視、ステータス監視、サマリー監視および、Web GUI機能による監視がある。そのほかに、予実績管理や操作履歴管理がある。

第3章 オートメーション

ジョブネットモニタによる実行監視

ジョブネットモニタを使えば、実行中のジョブの状況を色変化でビジュアルに監視できる。たとえば、「予定の時刻にジョブネットが開始されたか」「予定の時刻までにジョブネットが終了したか」などの遅延もすぐに検知できるようになる。

ジョブネットの定義時および実行監視時に、選択したジョブの先行ジョブや後続ジョブのアイコンを強調表示できる。そのため、ジョブネットが複雑になっても、ジョブの流れや関連性を確認できる。アイコンの強調表示によるメリットとして以下のものがある。

- ジョブが異常終了した場合、後続ジョブの影響範囲が確認しやすくなる
- ジョブの再実行の際に関連するジョブを確認しやすくなる
- ジョブネットの定義誤りも見つけやすくなる

デフォルトアイコン色の意味は以下のとおりである。

表3.7 ジョブネットモニタウィンドウのアイコン色の意味

アイコンの色	意味	アイコンの色	意味
空色	実行待ち	赤色	異常検出実行中
薄い緑色	正常終了	薄い赤色	異常検出終了
緑色	実行中	桃色	開始遅延
灰色	未実行終了	橙色	終了遅延

なお、アイコンの色は任意にカスタマイズできる。

ジョブネットモニタウィンドウ

ジョブネットモニタウィンドウでは、ジョブネットに定義されたジョブやネストジョブネット（ジョブネット内に定義したジョブネット）の実行状態および実行結果をジョブフローイメージ（ジョブネットを定義したときと同じイメージ）で監視・確認できる。

3.7 ジョブスケジューラ

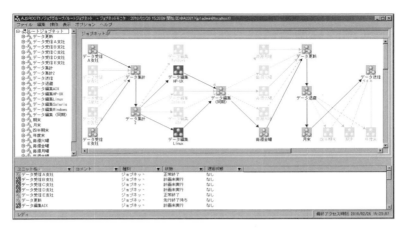

図3.24 ジョブネットモニタウィンドウの強調表示例

ステータス監視ウィンドウ

　ステータス監視ウィンドウを使えば、選択したルートジョブネットの現在の状態だけでなく前回の状態や次回（実行予定）の状態を一覧で確認することができ、障害時に前回との比較など簡単に行うことができる。

図3.25 ステータス監視ウィンドウの表示例

143

第3章 オートメーション

サマリー監視ウィンドウ

サマリー監視ウィンドウを使えば、異なるスケジューラサービス配下の任意のルートジョブネットを監視対象として登録することで、ルートジョブネット配下のユニットの進捗度や異常終了した件数などを一覧表示で監視・確認できる。

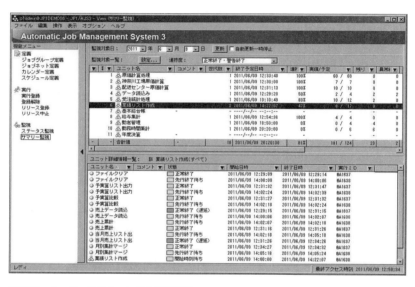

図3.26 サマリー監視ウィンドウの表示例

予実績管理

デイリースケジュールウィンドウやマンスリースケジュールウィンドウでは、ジョブ全体の実行状態を予定を含めて色で区別し表示する。当日および過去のジョブ実行の予実績が一覧表示され、ひと目で確認できる。さらに、開始遅延や終了遅延しているジョブも確認できる。

- **デイリースケジュールウィンドウでの監視**

  ジョブネットやジョブの実行状態や実行結果を1日の実行予定とともに日単位で監視・確認できる。

3.7 ジョブスケジューラ

- **マンスリースケジュールウィンドウでの監視**

  ジョブネットやジョブの実行状態や実行結果を1か月間の実行予定とともに月単位で監視・確認できる。

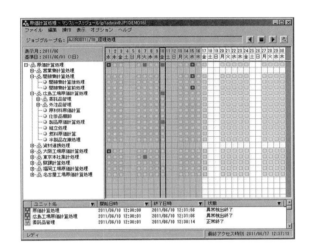

図3.27 マンスリースケジュールウィンドウ

Web GUIによる実行監視

Web GUI機能を使えば、事前に登録したジョブネットの情報をWebブラウザより一元監視できる。たとえば、登録したジョブネットの進捗度や、遅延の有無・保留件数など確認できる。

詳細情報を選択することで、ジョブネット単位の状態や開始・終了時刻などを一覧で確認できる。

第3章　オートメーション

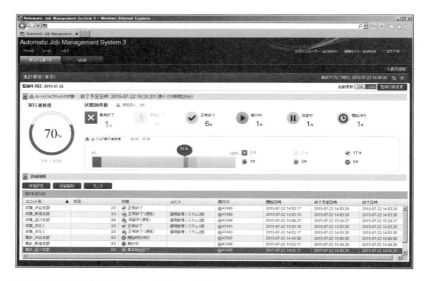

図3.28　Web GUIダッシュボード ウィンドウ

業務運用の操作履歴管理

　業務運用の変更について、「いつ」「誰が」「どのジョブネットに対して」「どの権限で」「何をしたか」などをログに出力できる。日々の業務運用に関する操作が正しく行われているかを記録に残すことで、コンプライアンス強化施策として監査に利用できる。

ログに出力する情報の例

- **ジョブネットの操作履歴**：業務ビューからの接続履歴、ユーザ認証履歴、ジョブネットの編集項目
- **業務の変更履歴の一覧**
- **業務の最終更新日時の一覧**など

146

3.8 運用情報印刷
：JP1/Automatic Job Management System 3 - Print Option

運用の管理業務に必要な、各種レポートの作成を支援する。
主な機能は以下のようになっている。

- **任意の帳票形式での印刷**
  ジョブネットやスケジュールなどの情報を任意の帳票形式で印刷できる。さらに、CSV形式ファイルに出力することも可能である。

- **ジョブネット情報の表示と印刷**
  ジョブネットのスケジュール情報、定義情報、実行予実績情報を帳票形式で表示または印刷できる。

- **関連図マップ出力とフローチャートマップ出力**
  「ジョブやジョブネットの関連図をビジュアルに見える形に出力する」あるいは「ジョブやジョブネットの関連図と定義情報を1枚にしたフローチャートのような帳票で出力する」といった運用ができる。

	A	B	C	D	E	F	G	H	I
1	【月次】結果								
2	2007年2月 基準時刻(0:00)	7 水	8 木	9 金	10 土	11 日	12 月	13 火	14 水
3	├(1) /経理処理/原価計算処理			(12:08)繰り越し未実行 (12:41)警告検出終了-R (12:38)警告検出終了 (12:48)警告検出終了-R (12:53)異常検出終了	(13:04)警告検出終了-R (13:08)中断 (13:16)強制終了				
4	├(2) 営業費計算処理			(12:08)繰り越し未実行 (12:41)正常終了-R (12:37)正常終了 (12:48)正常終了-R	(13:04)正常終了-R				
5	├(3) 営業費後処理			(12:08)未実行終了 (12:41)正常終了-R (12:37)正常終了 (12:48)正常終了-R	(13:04)正常終了-R				
6	├(2) 間接費計算処理			(12:08)繰り越し未実行 (12:41)正常終了-R (12:37)正常終了 (12:48)正常終了-R	(13:04)正常終了-R				
7	├(3) 間接費計算後処理			(12:08)未実行終了 (12:41)正常終了-R (12:37)正常終了 (12:48)正常終了-R	(13:04)正常終了-R				
8	├(3) 間接費計算前処理			(12:08)未実行終了 (12:41)正常終了-R (12:37)正常終了 (12:48)正常終了-R	(13:04)正常終了-R				

図3.29　実行予実績出力の例

第3章　オートメーション

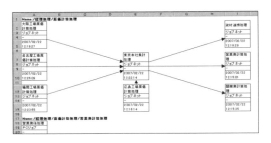 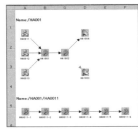

図3.30　関連図マップ出力（左）とフローチャートマップ出力（右）の例

3.9 ジョブ定義情報の一括収集・反映
: JP1/Automatic Job Management System 3 - Definition Assistant

　ジョブの定義は直感的なGUIを用いてフローチャートを描くように定義することもできるが、ジョブ定義情報の一括収集・反映を利用することで、Microsoft Excelファイルを介した一括定義ができる。

- **テンプレートを用いたジョブの一括定義**
  ジョブの一括変更、削除に便利な表形式のジョブ定義情報管理テンプレートが提供されており、テンプレート内のジョブやジョブネットの定義情報を変更することで自社に適したものにすることができる。このため、開発工数や運用工数を軽減できる。また、手作業を最小限にすることが可能になるため、ジョブの定義や変更作業のミスも起こりにくくなり、サーバの移行やバージョンアップ時にも効果を発揮する。

- **業務の変更履歴管理**
  業務の変更や最終更新日付をログに出力できる。業務の変更が正しく行われているかを判断するためのログとして監査にも利用できる。

- **既存の定義情報の一括取り込み**
  既存のジョブやジョブネットの定義情報はテンプレートに取り込むことも可能になっている。

定義情報管理テンプレートを使って、ジョブスケジューラの定義情報をマネージャホストのデータベースに登録することを「エクスポート」と言う。また、すでに登録されているジョブスケジューラの定義情報を定義情報管理テンプレートに取り込むことを「インポート」と言う。インポート後、定義情報管理テンプレートに取り込んだジョブスケジューラの定義情報を編集（追加、変更、削除）して、再びエクスポートすることで定義情報に反映できる。エクスポートとインポートのイメージを以下に示す。

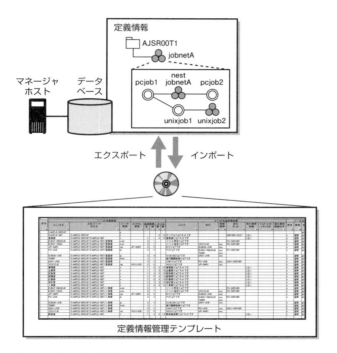

図3.31 ジョブ一括定義オプションの活用イメージ

3.10 ERP連携
：JP1/Automatic Job Management System 3 for Enterprise Applications

ERP連携を使用すればSAP ERP（Enterprise Resource Planning）シス

テムとの連携が可能になり、ジョブスケジューラのジョブの1つとしてSAP ERPジョブを定義できる。ジョブスケジューラの持つスケジュールや多彩な実行機能を活かし、ERPシステム全体をワンシステムイメージで効率良く運用できる。

また、SAP BW（Business Information Warehouse）システムと連携して、SAP ERPジョブと同様にBWシステムへのデータロードのためのインフォパッケージも制御できるため、ERP業務運用の幅がさらに広がる。

用語説明 ➡ インフォパッケージ

SAP BWシステムにデータを転送するためにデータをどのシステムから取り出し、どこに転送するかを定義したものである。インフォパッケージを実行することによってSAP BWシステムにデータを転送できる。

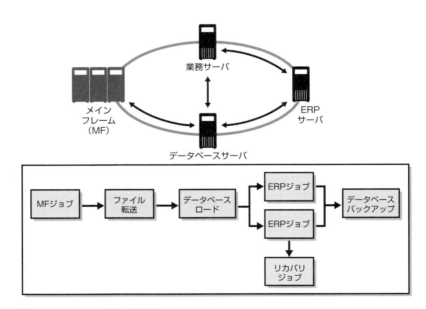

図3.32　SAP ERPジョブの例
　　　　（このような複数サーバにまたがるジョブをワンシステムイメージで運用）

3.11 ファイル転送
：JP1/File Transmission Server/FTP

　JP1/File Transmission Server/FTPは、業務と連携した自動化機能や効率を向上させる機能を豊富に備えたファイル転送プログラムである。

　また、ファイル転送手順としては標準的なプロトコルであるFTPを使用している。OS標準のFTP機能に比べると、転送履歴が保存されるなど信頼性の高いファイル転送が実現できる。

　Windows版を例にJP1のファイル転送の主な機能を以下に示す。

表3.8　ファイル転送の主な機能

機能	概要
伝送カードに登録して伝送	転送する情報を「伝送カード」に登録することにより、複数の伝送カードを指定して、一度に複数のファイルを転送できるようになる。また、登録済みの伝送カードをひな形として、内容を一部書き換えてファイル転送することもできる
ファイルを転送後、プログラムを起動	ファイル転送後、指定したプログラムを起動できるため作業の自動化が図れる。プログラムを起動させる契機は、次のような指定が可能 ・特定ユーザからのファイル転送を契機とした特定のプログラムの起動 ・特定ファイルのファイル転送を契機とした特定のプログラムの起動
ファイル転送履歴	サーバ、クライアントどちらからでも転送履歴が確認できる。転送履歴の参照や、異常終了した転送のエラーの確認ができる。履歴一覧に表示する内容は異常終了の履歴だけを表示するなど、目的に応じた表示ができる
APIでユーザプログラムと連携	APIを利用してユーザプログラムと連携したファイル転送ができる。使用環境に合わせた転送と、転送後の作業の自動化が図れる
定義情報の保存・復元	ファイル転送の各定義情報は、保存し、別のホストに配布して配布先で復元できる。あるホストで保存した定義情報を複数のホストで復元することで、設定を簡略化できる

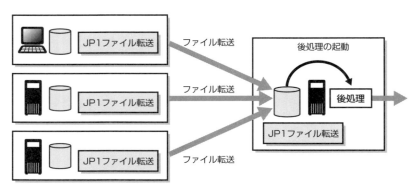

図3.33 ファイル転送

3.12 高速大容量ファイル転送
：JP1/Data Highway

遠隔地との大容量データのやりとりに適したデータ転送製品である。

- **大容量・高速・高品質のデータ転送**
  CADデータや動画データなどの大容量データでも、多重化通信により分割することなく高速に送信できる。データ転送に失敗した場合は、失敗した部分だけを自動的に再送するため、高品質なデータ転送ができる。

- **短時間・低コストでのデータ転送**
  インターネット回線とWebブラウザを利用するため、専用線や特殊なハードウェア・ソフトウェアは不要である。データ転送はHTTPSで行われるため、ファイアウォールなどの既存ネットワーク機器を変更する必要もなく、導入が容易である。

- **データ転送の安全性**
  HTTPSによる通信で、通信経路を保護する。また、決められた宛先以外にデータを送信できないようにしたり、承認がないと送信できないよ

うに設定できるため、重要な情報の誤送信や目的外の利用を防止できる。さらに、「いつ」「誰が」「誰に」「何を」送受信したかを通信記録として保存する。

- **不正アクセスの防止**
クライアント証明書やIPアドレスによるアクセス制御により、許可されていない人や場所からの不正アクセスを防止できる。

- **データ転送の自動化**
ジョブスケジューラを利用すると、スケジュールに沿ったデータ転送の自動化や業務システムと連携したデータ転送を容易に実現できる。これにより、業務負荷や送信漏れのリスクを低減できる。

用語説明 ➡ HTTPS

Web上での通信プロトコルで、SSL通信を行う。

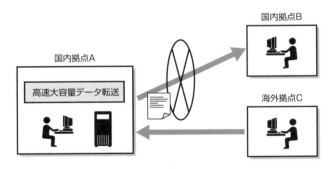

図3.34 高速大容量データ転送の構成例

スクリプト言語
：JP1/Script、JP1/Advanced Shell

スクリプト言語には、スクリプト言語JP1/Scriptとスクリプト言語JP1/

第3章　オートメーション

Advanced Shellがある。

スクリプト言語JP1/Script

　スクリプト言語JP1/Scriptは、Windows上でジョブを制御するスクリプトを作成し、Windows上でプログラムを実行するための製品である。主な機能は以下のとおりである。

- **スクリプト言語の定義**
  if文、while文などのステートメント、およびファイル操作、外部プログラム呼び出しなどジョブの実行に必要なコマンドを提供する。また、プログラムの実行結果を取得し、次に行うべき処理を判断できるため、プログラムの自動切り替えなどの柔軟な処理を実現できる。

- **簡易入力**
  コマンドやステートメントの入力作業を簡略化できる簡易入力機能により、コマンドの文法知識が十分でなくても入力ができる。

- **エディタによる編集/デバッグ**
  簡易入力機能で入力したコマンドやステートメントは、ボタン1つでScriptエディタに貼り付けられる。また、Scriptエディタのモニタリング機能を使えば、スクリプトの動作を見ながら実行できるため、デバッグ時の負荷を軽減できる。

- **メニュー作成**
  業務に応じたメニュー画面を作成して、定義したスクリプトファイルをGUI画面から起動できる。

スクリプト言語JP1/Advanced Shell

　スクリプト言語JP1/Advanced Shellは、UNIXで広く使われているシェル（Kornシェル）をベースに機能を拡張し、クロスプラットフォーム上で効

154

3.14 電源管理

率の良いバッチジョブの開発・運用を支援する製品である。

- **バッチジョブの開発効率化と運用支援**
  バッチ業務で繰り返し使用される処理を自動化したり、簡潔に記述できるので、構築のスピードアップと開発コストの削減が可能である。また、既存のスクリプトを変更することなく、ログを自動出力したり、実行されたシェルスクリプト内のプログラムやコマンドの稼働実績情報（実行経過時間、CPU時間など）を取得できるため、バッチ業務にトラブルや遅延が発生した場合の原因特定に役立つ。

- **バッチ業務途中の応答**
  統合コンソール（JP1/Integrated Management）を介したユーザとの対話型処理をシェルスクリプトの中に挿入できるため、バッチ業務の途中でユーザが後続処理を選択できる。

- **テスト・デバッグ**
  ブレークポイントの設定やデバッグ時のシェル変数・環境変数の参照・書き替えが可能。ステップ実行などのデバッガ機能は操作ボタンから利用できるので、効率の良いテストができる。また、テストの網羅性をカバレージ情報として蓄積・表示することができる。

3.14 電源管理
: JP1/Power Monitor

　電源管理は、社内および遠隔地にあるサーバの起動と終了を実行するための製品である。電源オン／オフ、JP1サービスまたはデーモンの開始と終了、およびOSのシャットダウンを行う。
　主な機能は以下のとおりである。

155

第3章　オートメーション

- **システムの自動開始と終了**

    サーバの無停電電源装置（UPS）と連携することで、指定した日時の電源投入やジョブ終了後の電源切断を自動化できる。
    　　自動開始：電源投入→OS起動→サービス/デーモン起動
    　　自動終了：ジョブの終了→サービス/デーモン終了→OSシャットダウン→電源切断

- **分散環境での電源制御**

    各拠点のエージェントサーバの電源が切断されるのを待って、本部のマネージャサーバの電源を自動切断するといった運用ができる。

事例　**業務と連動した自動電源切断**

　ジョブスケジューラと連携することで、「ジョブの終了を待ってからサーバの電源を切断する」といった業務を自動化できる。さらに、業務の休業日は常に停止状態にするなど、業務カレンダーに応じた電源制御を行うことができる。

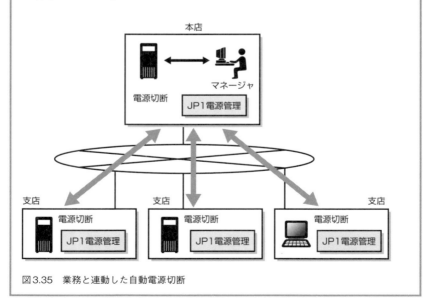

図3.35　業務と連動した自動電源切断

3.15 バックアップ管理
: JP1/VERITAS

オートメーションのバックアップ管理は、バックアップ運用を実現する製品カテゴリーである。

日々のデータバックアップ作業をストレスなく支援するのがJP1/VERITAS製品である。

Windowsサーバ1台の小規模システムから、マルチプラットフォーム環境の大規模システムまで、複雑・多様化するシステムの企業データをセキュアに保管し、万一の場合には、迅速な復旧を可能にするバックアップ/リカバリ運用を実現する。大きく2つの製品群から構成されている。

表3.9 JP1/VERITASの製品構成

製品	概要
バックアップ管理（マルチプラットフォーム環境向け）	マルチプラットフォーム環境のシステムを論理的な3階層アーキテクチャでバックアップ/リストアを集中管理する製品
バックアップ管理（Windows環境向け）	小規模Windows環境でバックアップ運用を実現する製品

3.16 バックアップ管理（マルチプラットフォーム環境向け）
: JP1/VERITAS NetBackup

マルチプラットフォーム環境統合バックアップ（JP1/VERITAS NetBackup）の主な機能を以下に示す。

3階層集中管理

論理的な3階層アーキテクチャでバックアップ/リストアを集中管理する。複数のメディアサーバのバックアップジョブも、マスタサーバで集中的に制

御・管理される。メディアサーバはクライアントの増設に応じて拡張できるため、将来的なシステム拡張にも柔軟に対応できる。サーバが点在する大規模システムにおけるバックアップも中央のマスタサーバで集中管理できる。

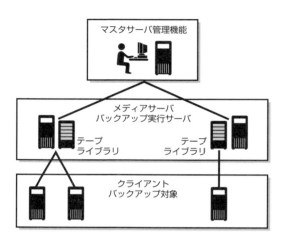

図3.36　3階層集中管理

暗号化機能

バックアップデータ送信中でも、またバックアップデータがバックアップメディア上に存在しているときでも、クリティカルなデータを不正アクセス

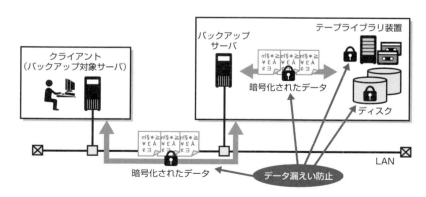

図3.37　暗号化機能

や改ざんから保護できる。

暗号化/復号はクライアント上で実行される。このため、バックアップでは、暗号化されたデータがネットワーク上で転送され、暗号化された状態でバックアップメディアに保存される。

リストアでは、暗号化された状態で、バックアップメディアから読み取られ、ネットワークを経由してクライアントに送信後、クライアント上で復元される。

ディスクステージング

ディスクを一次バックアップ先として活用し、テープにバックアップデータをコピーするまでの一連の流れをスケジュールによって効率的に制御する。ディスクの高速性、テープの信頼性・可搬性といった双方の特徴を活かし、信頼性を高めながら高速なバックアップ/リストアを実現する。

- バックアップデータが一次バックアップ先のディスクに存在する間はディスクからの高速バックアップ/リストアを実現
- 最終メディア（テープ）の計画的な作成（二次バックアップ）
- ディスクからコピーしたテープのデータを直接リストア可能

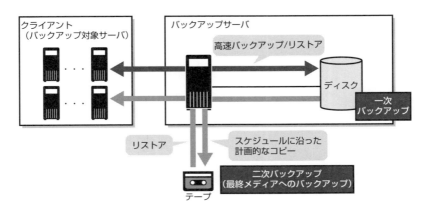

図3.38　ディスクステージング

Vaultオプション

　Vaultオプションを使えば、バックアップテープを遠隔地へ輸送し保管することで、地震や火災などの災害からバックアップデータを保護することが可能になる。バックアップは事前に設定されたポリシーに従って自動的に実行される。

　また、複数テープの同時作成（最大4台まで）、輸送対象テープの取り出し、輸送対象テープの一覧作成、外部保管期限の管理が可能である。

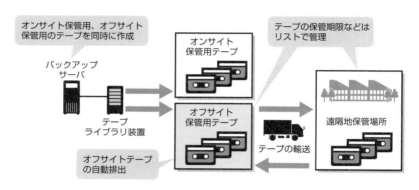

図3.39　Vaultオプション

NDMPオプション

　NDMP（Network Data Management Protocol）を利用し、NAS（Network Attached Storage）サーバのバックアップとリストアを実行できる。

　ローカルNDMP構成では、NASサーバに接続されたバックアップデバイスに直接バックアップデータを保管するため、制御およびカタログ情報のみがネットワーク上で転送される。このため、大容量のNASサーバのバックアップに適している。

用語説明　→　NAS

ネットワークに直接接続して使用するファイルサーバ（ストレージ装置）のことである。

3.16 バックアップ管理（マルチプラットフォーム環境向け）

用語説明 ⇨ **NDMP**

異種環境のデータをバックアップするための通信プロトコル。プラットフォームやデバイスに依存することなく、ネットワーク負荷を少なくすることができる。

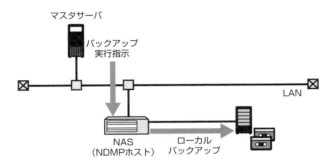

図3.40　NDMPオプションの概念

データベースエージェントオプション

Oracle、HiRDBなどのデータベースのオンライン中バックアップを実現できる。

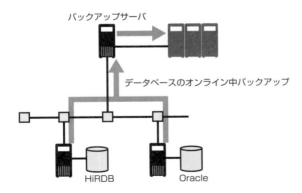

図3.41　データベースエージェントオプションの概念

重複データのバックアップ除外オプション

バックアップデータをセグメント単位で管理し、重複しているデータがバックアップ対象になった場合は、そのデータをバックアップしないようにできる。

> **事例** **JP1製品と連携したバックアップ**
>
> 本連携を行うための連携スクリプトはJP1で標準添付されているものを利用する。
> スクリプトには、ジョブスケジューラ、統合コンソール連携がある。
>
> **JP1ジョブスケジューラとの連携**
>
> 業務終了など、さまざまなイベントを契機としたバックアップ業務の自動実行を実現。処理サイクルや運用日ベースなど、多彩なスケジュールによるバックアップ運用を実現する。
>
>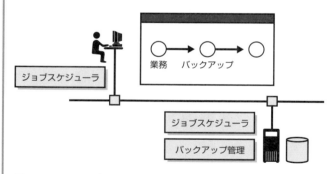
>
> 図3.42　JP1ジョブスケジューラとの連携
>
> **JP1統合コンソールとの連携**
>
> バックアップ業務の実行状況を、イベントコンソール画面で一元管理することが可能。JP1統合コンソールからJP1/VERITAS NetBackupの管理コンソール画面を直接起動し、イベントの詳細確認や迅速な対策を支援できる。

3.16 バックアップ管理（マルチプラットフォーム環境向け）

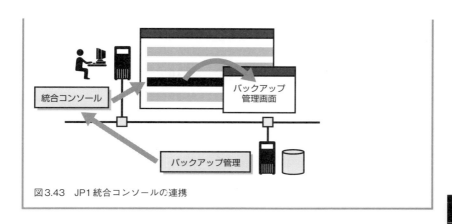

図3.43　JP1統合コンソールの連携

◆ VMware VCB機能との連携

　Enterprise Clientオプションを使えば、VMware VCB（VMware Consolidated Backup）機能と連携した仮想マシンのバックアップ/リストアが可能になる。また、SAN環境であれば、VMware VCB機能との連携により業務LAN

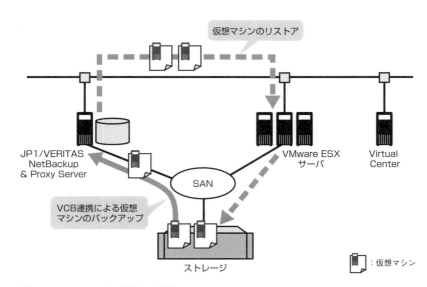

図3.44　VMware VCB機能との連携

163

第3章　オートメーション

側で用いるネットワークに負荷をかけることのない仮想マシンのバックアップ運用も可能である。

3.17 バックアップ管理（Windows環境向け）
： JP1/VERITAS Backup Exec

小規模Windows環境バックアップ（JP1/VERITAS Backup Exec）の主な機能を以下に示す。

- **管理コンソール**
  Webブラウザのように使いやすい管理コンソールを提供しているため、初心者でも簡単に操作できる。ジョブの成功・失敗は色分けされたジョブログで表示。フィルタリング機能を使用すれば、大量のジョブから特定のジョブを絞り込んで表示できる。

- **テストジョブ機能**
  バックアップ取得予定容量やテープ残量、ユーザのサービスアカウント情報などがテストジョブでチェックできる。バックアップ運用開始前にジョブの完了を妨げる潜在的な問題点を特定し、解決できるため、運用開始後のエラーを未然に防止できる。

- **ウィザード**
  初めて使用する場合や不慣れな場合でも、ウィザードを活用することで環境構築やバックアップジョブをナビゲーションに従って実行できる。

JP1/VERITAS Backup Execのオプション製品
主なオプションとして以下のものがある。

- **ディザスタリカバリ**
  人為的ミスが発生しやすい従来型の手作業によるリカバリプロセスを省

3.17 バックアップ管理（Windows環境向け）

力化することで、人為的ミスの削減とリカバリ時間短縮を実現している（図3.45）。このため、より早く業務を再開できる。

- **ネットワークバックアップ**
  ローカルサーバはもちろん、ネットワーク上のWindowsサーバのバックアップができる。

- **オンラインバックアップ**
  Oracle、Microsoft SQL Server、Microsoft Exchange Serverのオンライン中バックアップを実現。データベースを停止せずに、業務サービスを継続したまま、データベースのバックアップを実現する。

- **オープンファイルバックアップ**
  オープン中や使用中のファイルもバックアップできる。

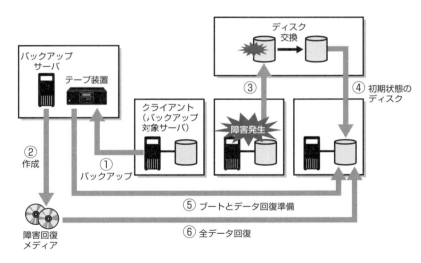

図3.45　ディザスタリカバリ

暗号化機能

バックアップデータを暗号化することでセキュリティを強化できる。たとえば、バックアップメディアに暗号化したバックアップデータを保管するこ

第3章　オートメーション

とで、メディアの紛失や盗難からデータを保護できる。さらにネットワーク
経由のバックアップの場合にも、不正アクセスからデータを保護できる。

仮想環境のバックアップ機能

　VMwareおよびHyper-Vを使用した仮想環境において、仮想マシンのディ
スクイメージ単位でバックアップ/リストアが可能になる。さらに、ディスク
イメージ単位のバックアップデータから、GRT（Granular Restore
Technology）機能を使用して、必要なデータのみを抽出し、直接、仮想マ
シン上へファイルやディレクトリ単位でリストアを行うことも可能である。

●ここがポイント！

バックアップはバックアップポリシーに従って、各種バックアップ方式（機能）を組み合わ
せて実現する。製品の違いや、機能の概要をしっかり覚えておこう。特に2つの製品（JP1/
VERITAS NetBackup、JP1/VERITAS Backup Exec）の類似機能の違いを整理してお
こう。

166

練習問題

練習問題

問題 1　電源管理（JP1/Power Monitor）の説明において、空欄a、bの組み合わせとして適切なものはどれか。

サーバの【　a　】と連携することで、指定した時間の電源投入やジョブ終了後の電源切断など、【　b　】を実現する。

○ **ア.** a＝無停電電源装置（UPS）、b＝負荷分散

○ **イ.** a＝無停電電源装置（UPS）、b＝自動運転

○ **ウ.** a＝OS、b＝自動運転

○ **エ.** a＝OS、b＝負荷分散

○ **オ.** a＝ジョブ、b＝負荷分散

解 説

　電源管理（JP1/Power Monitor）は、サーバの無停電電源装置（UPS）と連携することで、指定した日時の電源投入やジョブ終了後の電源切断を自動化できる。

解答	イ

167

第3章　オートメーション

問題
2

　　ジョブ定義情報の一括収集・反映 (JP1/Automatic Job Management System 3 - Definition Assistant) の説明において、空欄a、b、cの組み合わせとして適切なものはどれか。

ジョブ定義情報の一括収集・反映を利用することで、既存のジョブスケジューラ (JP1/Automatic Job Management System 3) の定義情報を【　a　】に取り込むことができる。定義情報を取り込むことを【　b　】と言う。取り込んだ定義情報は【　a　】を用いて作成・変更ができ、再びジョブスケジューラに【　c　】することができる。

- ○ **ア.** a：テンプレート、b：インポート、c：エクスポート
- ○ **イ.** a：Webブラウザ上、b：インポート、c：エクスポート
- ○ **ウ.** a：テンプレート、b：エクスポート、c：インポート
- ○ **エ.** a：Webブラウザ上、b：収集、c：配布
- ○ **オ.** a：テンプレート、b：取り込み、c：配布

解説

　ジョブ定義情報の一括収集・反映 (JP1/Automatic Job Management System 3 - Definition Assistant) が提供している定義情報管理テンプレートを利用することで、効率の良い定義情報の入力や編集ができる。すでに登録されているジョブスケジューラ (JP1/Automatic Job Management System 3) の定義情報を定義情報管理テンプレートに取り込むことを「インポート」と言う。また、定義情報管理テンプレートを使って、定義情報をマネージャホストのデータベースに登録することを「エクスポート」と言う。

解答	ア

168

練習問題

問題 3

ジョブスケジューラ（JP1/Automatic Job Management System 3）に関する次の文章で、空欄a、b、cの組み合わせとして適切なものはどれか。

自動化する業務の細かな処理の1つ1つを定義した最小単位を【 a 】と言う。【 a 】を複数定義し、実行順序を設定して1つにまとめたものを【 b 】と言う。さらに、複数の【 b 】をまとめたものを【 c 】と言う。

- ○ **ア.** a：JP1イベント、b：ジョブ、c：ジョブネット
- ○ **イ.** a：ジョブ、b：ジョブネット、c：ジョブグループ
- ○ **ウ.** a：ジョブ、b：ジョブグループ、c：ジョブネット
- ○ **エ.** a：ジョブネット、b：ジョブ、c：JP1イベント
- ○ **オ.** a：ジョブグループ、b：ジョブネット、c：ジョブ

解説

　自動化する業務の内容を定義する単位としてジョブ、ジョブネット、ジョブグループの3種類がある。

　自動化する業務の細かな処理の1つ1つを定義したジョブネットワーク要素の最小単位をジョブと言う。定義した複数のジョブに実行順序を設定して1つの業務としてまとめたものをジョブネットと言う。ジョブネットを複数定義することで業務の種類ごとにジョブネットを分類でき、管理しやすくなっている。さらにジョブネットをまとめる管理ユニットとしてジョブグループがある。

解答	イ

169

第3章　オートメーション

問題 4

　ファイル転送（JP1/File Transmission Server/FTP）の説明として適切なものはどれか。

- ○ **ア.** 複数のファイルを一括転送できる。
- ○ **イ.** ネットワークの障害管理や構成管理ができる。
- ○ **ウ.** GUIを使ってジョブやジョブネットを定義したり、ジョブやジョブネットの実行予定・実行結果を画面に表示できる。
- ○ **エ.** CADデータや動画データなどの大容量データでも、多重化通信により分割することなく高速に送信できる。
- ○ **オ.** ドライブ、メディア、ファイルを暗号化することができる。

解 説

　ファイル転送を効率化し、信頼性を高めるファイル転送（JP1/File Transmission Server/FTP）では登録済みの複数の伝送カードを指定して、一度にファイル転送することが可能である。

　【イ】：ネットワーク管理・ネットワークノードマネージャ（JP1/Network Node Manager i, JP1/Network Node Manager i Advanced）の説明である。業界標準のSNMPを採用し、ネットワークの障害管理や構成管理などを実現する製品である。

　【ウ】：ジョブスケジューラ - ビュー（JP1/Automatic Job Management System 3 - View）の説明である。GUIを使ってジョブやジョブネットを定義したり、ジョブやジョブネットの実行予定・実行結果を画面に表示する製品である。

　【エ】：高速大容量ファイル転送（JP1/Data Highway）の説明である。インターネット回線とWebブラウザを利用するため、専用線や特殊なハードウェア・ソフトウェアは不要である。データ転送はHTTPSで行われるため、ファイアウォールなどの既存ネットワーク機器を変更する必要もなく、導入が容易である。

　【オ】：情報漏えい防止（JP1/秘文）の説明である。ドライブ、メディア、ファイルを暗号化することによって、PCやメディアの紛失・盗難時の情報漏えいを防止するための製品である。

解答	ア

170

練習問題

問題 5

次の運用自動化（JP1/Automatic Operation）に関する説明で空欄a、bの組み合わせとして適切なものはどれか。

IT運用において運用手順書を必要とする典型的な操作を【　a　】化し、【　b　】として提供する。

- ○ **ア.** a：テンプレート、b：アプリケーション
- ○ **イ.** a：テンプレート、b：コンテンツ
- ○ **ウ.** a：テンプレート、b：サービス
- ○ **エ.** a：コンテンツ、b：テンプレート
- ○ **オ.** a：コンテンツ、b：サービス

3
問題

解 説

運用自動化（JP1/Automatic Operation）は複数の手順や操作が必要な仮想マシン運用や、システム構成変更に伴う複数サーバ上での設定作業など、IT運用において運用手順書を必要とする典型的な操作をテンプレート化し、コンテンツとして提供する。これらのコンテンツは運用ノウハウが盛り込まれており、実用性が高く、すぐに利用可能である。

| 解答 | イ |

第3章　オートメーション

> **問題 6**
>
> 　スクリプト言語（JP1/Advanced Shell）の説明として適切なものはどれか。
>
> ○ **ア.** UNIXで広く使われているシェルをベースに機能を拡張し、クロスプラットフォーム上で効率の良いバッチジョブの開発・運用を支援する製品である。
>
> ○ **イ.** UNIXで広く使われているシェルをベースに機能を拡張し、メインフレーム上で効率の良いバッチジョブの開発・運用を支援する製品である。
>
> ○ **ウ.** UNIXで広く使われているシェルをベースに機能を拡張し、効率の良いバッチジョブの開発・運用を支援する製品である。そのため、Windows上では使用できない。
>
> ○ **エ.** UNIXで広く使われているJavaをベースに機能を拡張し、クロスプラットフォーム上で効率の良いバッチジョブの開発・運用を支援する製品である。
>
> ○ **オ.** UNIXで広く使われているJavaをベースに機能を拡張し、Windows上で効率の良いバッチジョブの開発・運用を支援する製品である。

解説

　スクリプト言語（JP1/Advanced Shell）はUNIXで広く使われているシェルをベースに機能を拡張し、クロスプラットフォーム上で効率の良いバッチジョブの開発・運用を支援する製品である。

　【イ】：メインフレームには対応していない。

　【ウ】：Windows上で使用可能なほか、UNIX、Linux上で使用可能である。

　【エ】、【オ】：Javaではなく、シェルをベースに機能拡張している。

解答	ア

172

練習問題

問題
7　ジョブスケジューラ(JP1/Automatic Job Management System 3)
でジョブネットの処理の開始日時や処理サイクルなどを定義する情報
として適切なものはどれか。

○　**ア.** ジョブネットルール

○　**イ.** 運用ルール

○　**ウ.** カレンダールール

○　**エ.** スケジュールルール

○　**オ.** 予実績ルール

3
問題

解 説

　ジョブスケジューラ機能にはスケジュールルールとカレンダーがあり、処理の開始日時や処理サイクルなどの情報はスケジュールルールで定義する。業務の運用日と休業日はカレンダーで定義する。ジョブスケジューラ（JP1/Automatic Job Management System 3）はこの2つから、ジョブネットの実行スケジュールを算出する。

　【ア】、【イ】、【ウ】、【オ】：ジョブスケジューラではこの選択肢の用語は存在しない。

解答	エ

173

第3章　オートメーション

> **問題 8**
>
> 　HTTPSによるデータ転送を行うことで、大容量のデータのやりとりに適した製品として適切なものはどれか。
>
> ○　**ア.** ファイル転送（JP1/File Transmission Server/FTP）
> ○　**イ.** ジョブ定義情報の一括収集・反映（JP1/Automatic Job Management System 3 - Definition Assistant）
> ○　**ウ.** 運用情報印刷（JP1/Automatic Job Management System 3 - Print Option）
> ○　**エ.** 高速大容量ファイル転送（JP1/Data Highway）
> ○　**オ.** ERP連携（JP1/Automatic Job Management System 3 for Enterprise Applications）

(解 説)

　高速大容量ファイル転送（JP1/Data Highway）は、CADデータや動画データなどの大容量データでも、多重化通信により分割することなく高速に送信できる。また、HTTPSによるデータ転送を行うことで信頼性の高い通信を実現できる。

　【ア】：業務と連携した自動化機能や効率を向上させる機能を豊富に備えたファイル転送プログラムである。また、ファイル転送手順としては標準的なプロトコルであるFTPを使用している。

　【イ】：Microsoft Excelファイルを介した一括定義ができる。

　【ウ】：運用の管理業務に必要な、各種レポートの作成を支援する。

　【オ】：SAP ERPシステムとの連携が可能になり、ジョブスケジューラのジョブの1つとしてSAP ERPジョブを定義できる。

解答	エ

174

練習問題

問題 9

以下のジョブスケジューラ（JP1/Automatic Job Management System 3）の説明が示す機能として適切なものはどれか。

異なるスケジューラサービス配下の任意のルートジョブネットを監視対象として登録することで、ルートジョブネット配下のユニットの進捗度や異常終了した件数などを一覧表示で監視・確認できる。

- ○ **ア.** サマリー監視
- ○ **イ.** ステータス監視
- ○ **ウ.** 自動アクション
- ○ **エ.** 予実績管理
- ○ **オ.** ガイド機能

解説

【イ】：選択したルートジョブネットの現在の状態だけでなく前回の状態や次回（実行予定）の状態を一覧で確認ができる機能である。

【ウ】：特定のJP1イベントの受信を契機として、自動的にコマンドを実行する統合コンソール（JP1/Integrated Management）の機能である。

【エ】：当日および過去のジョブ実行の予実績が一覧表示され、ひと目で確認できる機能である。

【オ】：障害が発生した際に、あらかじめ登録しておいた対処方法を表示することで、迅速な障害復旧をサポートする統合コンソール（JP1/Integrated Management）の機能である。

| 解答 | ア |

第3章　オートメーション

> 問題
> **10**　ジョブスケジューラ(JP1/Automatic Job Management System 3)
> の機能についての説明文として適切なものはどれか。
>
> ○　**ア.** ユニットの実行は、ジョブグループを実行登録することで行われる。
>
> ○　**イ.** ジョブの最小単位をジョブネットと言い、複数のジョブネットをジョブグループに登録できる。
>
> ○　**ウ.** 先行ジョブの終了コード判定でジョブを分岐させる。
>
> ○　**エ.** ジョブネットをジョブネット配下に定義することはできない。
>
> ○　**オ.** ジョブの実行順序はマップ上で定義した場所によって自動で関連付けられる。

解説

　ジョブスケジューラは、先行ジョブの終了コード判定でジョブを分岐させる。そのほかに、ファイルの有無や変数比較の判定ができる。

　【ア】：ジョブグループで実行登録はできない。ルートジョブネットに対して実行登録することで実行される。

　【イ】：最小単位はジョブである。

　【エ】：ジョブネット内に定義したジョブネットをネストジョブネットと言う。

　【オ】：ジョブの実行順序は自動では関連付けられない。定義したジョブの実行順序を関連付けるには関連線を用いてジョブ同士を接続する必要がある。

解答	ウ

練習問題

> **問題 11**
>
> ジョブスケジューラ(JP1/Automatic Job Management System 3)で定義したジョブネットの定義情報、スケジュール情報、実行予実績情報などのジョブ運用情報を帳票出力できる製品として適切なものはどれか。
>
> ○ **ア.** スクリプト言語（JP1/Script）
>
> ○ **イ.** ジョブ定義情報の一括収集・反映（JP1/Automatic Job Management System 3 - Definition Assistant）
>
> ○ **ウ.** 運用情報印刷（JP1/ Automatic Job Management System 3 - Print Option）
>
> ○ **エ.** ERP連携（JP1/Automatic Job Management System 3 for Enterprise Applications）
>
> ○ **オ.** ジョブスケジューラ - ビュー（JP1/Automatic Job Management System 3 - View）

（解説）

運用情報印刷は、ジョブネットの定義情報、実行予定・結果情報といったジョブ運用帳票を出力する製品である。

【ア】：Windows上でもジョブ制御を実現する簡易スクリプトを作成 / デバッグ / 実行することができる製品である。

【イ】：ジョブの定義をMicrosoft Excelファイルを介して一括定義することができる製品である。業務の変更や最終更新日付をログに出力できるため、業務の変更が正しく行われているかを判断するためのログとして監査にも利用できる。

【エ】：SAP ERPシステムとの連携が可能になり、ジョブスケジューラのジョブの1つとしてSAP ERPジョブを定義できる。

【オ】：GUIを使ってジョブやジョブネットを定義したり、ジョブやジョブネットの実行予定・実行結果を画面に表示したりできる製品である。

| 解答 | ウ |

第3章　オートメーション

問題
12

　ジョブスケジューラ(JP1/Automatic Job Management System 3)
の機能について、環境設定がデフォルトの場合のジョブの実行状態の
色と対応する意味として適切なものはどれか。

- ○　**ア.** 実行中は薄い赤
- ○　**イ.** 正常終了は薄い緑
- ○　**ウ.** 開始遅延は青色
- ○　**エ.** 正常終了は赤色
- ○　**オ.** 中断は空色

解 説

　デフォルトの設定ではアイコンの色と対応する意味は、以下の表のとおりとなっ
ている（実行状態の一部を抜粋）。設定を変更することで正解以外の説明文で書か
れている実行状態とアイコン表示色の対応にすることも可能である。

表：実行状態のアイコン表示色の一例

アイコンの色	意味	アイコンの色	意味
空色	実行待ち	赤色	異常検出実行中
薄い緑色	正常終了	薄い赤色	異常検出終了
緑色	実行中	桃色	開始遅延
灰色	未実行終了	橙色	終了遅延

解答	イ

178

練習問題

問題 13

バックアップ管理（マルチプラットフォーム環境向け）（JP1/VERITAS Net Backup）では、バックアップ運用を簡単かつ効率良く実現するため、ほかのJP1製品との連携スクリプトを用意している。連携可能な他JP1製品の組み合わせとして適切なものはどれか。

○ **ア.** ジョブスケジューラ（JP1/Automatic Job Manage-ment System 3）、統合コンソール（JP1/Integrated Management）

○ **イ.** 統合コンソール（JP1/Integrated Management）、IT資産・配布管理（JP1/IT Desktop Management 2）

○ **ウ.** ジョブスケジューラ（JP1/Automatic Job Manage-ment System 3）、稼働性能管理（JP1/Performance Management）

○ **エ.** IT資産・配布管理（JP1/IT Desktop Management 2）、稼働性能管理（JP1/Performance Management）

○ **オ.** 統合コンソール（JP1/Integrated Management）、稼働性能管理（JP1/Performance Management）

解説

　バックアップ管理（マルチプラットフォーム環境向け）（JP1/VERITAS Net Backup）は、ジョブスケジューラ（JP1/Automatic Job Management System 3）と統合コンソール（JP1/Integrated Management）とを連携するスクリプトを標準添付している。したがって、稼働性能管理（JP1/Performance Management）、IT資産・配布管理（JP1/IT Desktop Management 2）を含む、【イ】【ウ】【エ】【オ】は間違いである。

解答	ア

3
問題

179

第3章 オートメーション

問題 14

バックアップ管理（Windows環境向け）（JP1/VERITAS Backup Exec）において、以下の説明を表すものとして適切なものはどれか。

ジョブの成功・失敗は色分けされたジョブログにより一目瞭然、フィルタリング機能を使用すれば、大量のジョブから特定のジョブを絞り込んで表示することができる。

- ○ **ア.** 管理コンソールによる集中管理
- ○ **イ.** ウィザードによる簡単操作
- ○ **ウ.** テストジョブによる問題点の事前抽出
- ○ **エ.** バックアップデータの暗号化
- ○ **オ.** ディザスタリカバリ

解説

小規模Windows環境バックアップ（JP1/VERITAS Backup Exec）は、Webブラウザのように使いやすい管理コンソールを提供する。

【イ】：ウィザードを活用することで環境構築やバックアップジョブを簡単に実行できる。

【ウ】：バックアップ取得予定容量やテープ残量、ユーザのサービスアカウント情報などがテストジョブでチェックできる。

【エ】：バックアップメディアに暗号化したバックアップデータを保管することで、メディアの紛失や盗難からデータを保護できる。

【オ】：手作業によるリカバリプロセスを省力化することで、人為的ミスの削減とリカバリ時間短縮を実現する。

解答	ア

練習問題

問題 15

バックアップ管理（マルチプラットフォーム環境向け）（JP1/VERITAS NetBackup）の説明として、空欄aに入る適切なものはどれか。

【　a　】を利用し、NAS（Network Attached Storage）サーバのバックアップとリストアを実行できる。

○ **ア.** NDMPオプション
○ **イ.** Vaultオプション
○ **ウ.** データベースエージェントオプション
○ **エ.** VMwareVCB機能
○ **オ.** ディスクステージング

3
問題

（解説）

ローカルNDMP（Network Data Management Protocol）では、NASサーバに接続されたバックアップデバイスに直接バックアップデータを保管するため、制御およびカタログ情報のみがネットワーク上で転送される。このため、大容量のNASサーバのバックアップに適している。

【イ】：バックアップテープを遠隔地へ輸送し保管することで、地震や火災などの災害からバックアップデータを保護する。

【ウ】：Oracle、HiRDBのオンラインバックアップを実現する。

【エ】：Enterprise Clientオプションを使うと、VMware VCB（VMware Co-nsolidated Backup）機能と連携した仮想マシンのバックアップ/リストアが可能になる。

【オ】：ディスクステージングとは、ディスクを一次バックアップ先として活用し、テープにバックアップデータをコピーするまでの一連の流れをスケジュールによって効率的に制御することである。

解答	ア

181

第4章

コンプライアンス

この章では、IT資産の一元管理とセキュリティリスクへの対応による「コンプライアンス」について解説する。

この章の内容

- 4.1 コンプライアンスの概要
- 4.2 資産・配布管理
- 4.3 IT資産・配布管理
- 4.4 リモート操作
- 4.5 セキュリティ管理
- 4.6 情報漏えい防止

第4章　コンプライアンス

理解度チェック

共通
- [ ] コンプライアンス
- [ ] コンプライアンスを構成する製品カテゴリー

IT資産・配布管理
- [ ] IT資産・配布管理
- [ ] IT資産のライフサイクル
- [ ] ハードウェアの管理
- [ ] ソフトウェアの管理
- [ ] ソフトウェアの配布
- [ ] セキュリティ対策
- [ ] インベントリ情報の自動収集
- [ ] インストールウィザード
- [ ] ライセンス管理
- [ ] 資産詳細レポート
- [ ] IT資産の棚卸
- [ ] セキュリティポリシー
- [ ] パッチ配布
- [ ] 禁止操作の抑止
- [ ] ログ取得
- [ ] セキュリティ診断レポート
- [ ] 不正PCの自動排除

リモート操作（RC）
- [ ] リモート操作

情報漏えい防止
- [ ] 出さない、見せない、放さない
- [ ] デバイス制御
- [ ] ネットワーク制御
- [ ] ログ取得・管理
- [ ] ドライブ暗号化
- [ ] メディア暗号化
- [ ] ファイルサーバ暗号化
- [ ] ファイルの閲覧停止（IRM）
- [ ] ファイル保護
- [ ] 予兆検知・可視化

4.2 資産・配布管理

4.1 コンプライアンスの概要

　コンプライアンスは、大切な資産を「守る」コンセプトカテゴリーである。IT資産の一元管理とセキュリティリスクへの対応でコンプライアンスを徹底するため、資産・配布管理、セキュリティ管理の製品群から構成される。それぞれの概要を以下に示す。

● **資産・配布管理**
　ソフトウェアやハードウェアなどのIT資産情報やセキュリティ対策状況を把握し一元管理することで、IT資産を有効活用できる。また、PCや業務サーバの操作ログ（証跡記録）の取得などにより、コンプライアンスの徹底を支援する。

● **セキュリティ管理**
　社内での情報の共有化を推進しつつ、メディア・印刷物による機密情報の不正な持ち出しを防ぐ。また、モバイルPC上のデータやリムーバブルメディア内の情報を暗号化することで、万一紛失や盗難に遭った場合にも第三者による解読を防ぐ。

4.2 資産・配布管理

　資産・配布管理はコンプライアンスを構成する製品カテゴリーの1つであり、ソフトウェアやハードウェアなどのIT資産情報やセキュリティ対策状況を把握し一元管理することで、IT資産を有効活用できる。また、PCや業務サーバの操作ログ（証跡記録）の取得などにより、コンプライアンスを徹底できる。資産・配布管理を構成する製品には、IT資産・配布管理（JP1/IT Desktop Management 2）とリモート操作（JP1/Remote Control）がある。

4
解説

185

4.3 IT資産・配布管理
：JP1/IT Desktop Management 2

　IT資産・配布管理は、クラウド時代の多様化するビジネス環境に対応できるIT資産のライフサイクル管理を支援する。IT資産の過不足をなくし、セキュリティリスクへの漏れのない対応を実現する。

◆IT資産・配布管理の構成

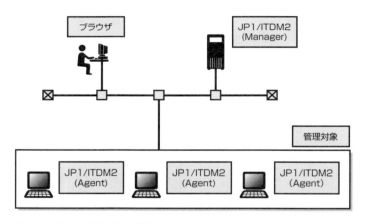

図4.1　IT資産・配布管理の構成例

◆IT資産のライフサイクル管理

　さまざまなIT資産を、手間やコストをかけずに適切に管理するには、「IT資産のライフサイクルに沿った管理」が効果的である。ライフサイクルは、「計画・予算」から始まり、「機器調達・導入・配布」「運用・保守」「評価」「廃棄」というフェーズの流れとなる。

　これらのフェーズに沿ってIT資産を一元管理することによって、IT資産

4.3 IT資産・配布管理

の過不足をなくし、セキュリティリスクへの漏れのない対応を実現する。
［JP1/IT Desktop Management 2］は、IT資産のライフサイクル管理の各
フェーズで必要な「ハードウェアの管理」「ソフトウェアの管理」「ソフトウェ
アの配布」「セキュリティ対策」に対応した機能と、ライフサイクル管理の始
点となる「現状把握」を効率良くできる機能を備え、IT資産のライフサイク
ル管理の実現を強力に支援する。

　IT資産のライフサイクルとIT資産・配布管理が提供する機能の概要を以
下に示す。

1. 計画・予算
- 現状把握
- IT資産の中長期計画の策定
- 予算の検討

2. 機器調達・導入・配布
- 機器の調達や導入
- ソフトウェアのインストール

3. 運用・保守
- 分散するIT資産をさまざまな視点で管理
- セキュリティリスクへの対応
- ヘルプデスク対応

4. 評価
- コストやコンプライアンスの観点でIT資産の推移と状況を分析して評価

5. 廃棄
- 不要な機器、ソフトウェアの廃棄

IT資産管理に必要な機能をオールインワンで提供
　IT資産・配布管理は、「ハードウェアの管理」「ソフトウェアの管理」「ソ
フトウェアの配布」「セキュリティ対策」など、IT資産管理に欠かせない機
能をオールインワンで提供しているので、いくつものツールをインストール

4
解説

187

する必要がなく、導入の手間を省くことができる。さらに、PCやサーバを遠隔操作するリモートコントロール機能や脆弱なPCをネットワークから強制排除する機能も備えている。

多様な機能が統一されたユーザインタフェースで提供されているので、シンプルな運用が可能となる。その上、実際の運用が細部まで考慮されたユーザインタフェースにより、操作しやすく短期間で習得できる。ツールごとに操作方法が違うといったことがなく戸惑うこともない。

ホーム画面

ログイン後、最初に表示されるホーム画面に、インベントリ情報の日々の変化が集約して表示される。関連する情報が1つの画面に表示されるので、システム全体を見渡せる。また、前日からの変化やシステムが安全に保たれているかなども表示されるので、日々の運用はホーム画面をチェックするだけで完了する。ホーム画面から、資産管理やセキュリティ管理などの概況をすべて参照できる。

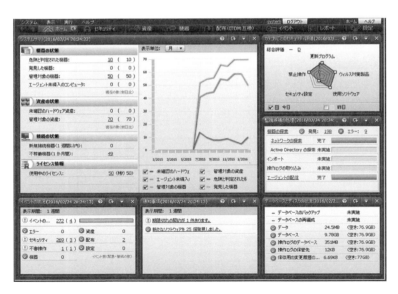

図4.2　ホーム画面例

ダイジェストレポート

　日次・週次・月次にメールで送信されるダイジェストレポートで、システム全体の概況を確認できる。現在の状況と今後の予定を確認して、今後の作業計画を見直すためにも役立てることができる。毎日送られてくる「日刊ダイジェストレポート」では、イベントの発生状況、状態に変更があったIT資産、ソフトウェアライセンスの状況、セキュリティ対策の状況、配布の実行状況、データベースの空き容量などが確認できる。

情報収集、ソフトウェア配布、ライセンス管理

インベントリ情報の自動収集

　ネットワークに接続されたPCの各種情報（インベントリ情報）を自動収集できるため、ハードウェア情報、ソフトウェア情報、セキュリティ関連情報といったインベントリ情報を効率的に取得し、一元管理できる。また、ソフトウェアの新規インストールや更新プログラムの適用などによりインベントリ情報が更新されると、一元管理されている情報に更新内容が自動的に反映される。

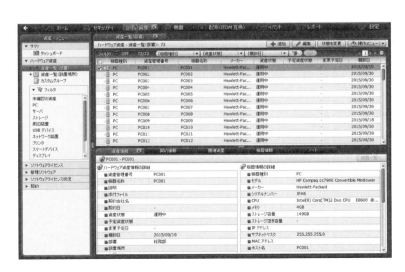

図4.3　インベントリ情報（ハードウェア資産一覧）画面例

第4章　コンプライアンス

＜取得できるインベントリ情報＞

- **ハードウェア情報**
  ハードディスク空き容量、実装メモリ容量など

- **ソフトウェア情報**
  名称、バージョン、メーカーなど

- **セキュリティ関連情報**
  適用されている更新プログラム、ウィルス対策製品（エンジン、定義ファイルバージョン、常駐/非常駐）、OS設定など

- **ユーザ固有情報**
  PC利用者氏名、所属、電話番号、社員番号、メールアドレスなど

ソフトウェアの配布・インストール

　配布したいソフトウェアを登録し、リモートインストールマネージャを利用して、配布対象のPCに配布・インストールが可能である。部署ごとに配布するソフトウェアを変えるといった柔軟な運用にも対応している。さらに、データの配布時には、ネットワークに負荷をかけないための送信量の自動制御も可能である。

ソフトウェアのライセンス管理

　ソフトウェアライセンスの保有数と実際のライセンス消費数、割り当て済みPCとインストール済みPCを把握できる。ライセンスが割り当てられていないのにインストールしているPCの利用者に対しては、使用許可を得てからインストールするように指導することで、未許可のインストールやライセンス違反を防止できる。

190

4.3 IT資産・配布管理

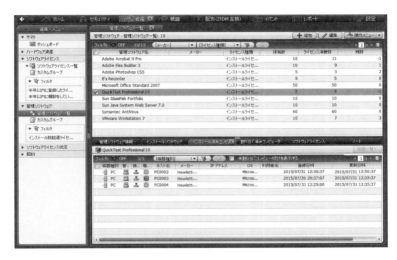

図4.4　ソフトウェアのライセンス管理画面例

余剰ライセンスと超過ライセンスのレポート出力

インストールしているソフトウェアの数を自動集計し、保有しているライセンス数と比較して余剰ライセンスと超過ライセンスをレポート表示できる。

また、管理ソフトウェア一覧の画面を確認することにより、ライセンス未割り当てで使用しているPCを特定できる。ライセンスの過不足が正確に把握できるので、システム計画はもちろん、コンプライアンス上の問題解決にも役立てることができる。

契約情報と関連付けたライセンス管理

ソフトウェアのライセンスを契約種別、契約開始日、契約終了日、契約状態といった契約情報と関連付けて管理できる。契約書をスキャンした電子データを契約情報の添付データとして保存することもできるので、保管している契約関連の書類と突き合わせなくても、いつでも契約書の内容を確認できる。

ソフトウェアやハードウェアの費用の実績と推移を把握

資産詳細レポートを用いて、ハードウェアやソフトウェアのリース、レンタル、保守、サポート、購入費用などを集計し、実際の購入や運用にかかっているコストをトータルに評価できる。また、月ごとはもちろん、四半期、半期、年度での集計もできるので、予算計上時の参考データとして利用できる。

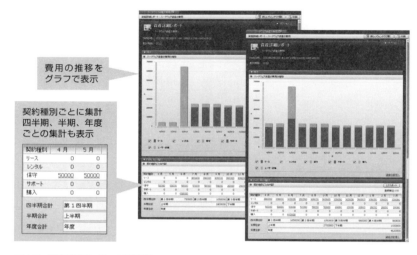

図4.5　資産詳細レポート画面例

棚卸

ネットワークを介して機器情報を自動で収集し、定期的に機器の存在を確認できる。新たに発見した機器の登録や既存機器の管理元を変更するだけで、IT資産情報をいつも最新の状態に保てる。また、IPアドレスをもたない周辺機器（ディスプレイ、ハードディスク、プリンタ、USBメモリなど）をPCと関連付けてIT資産として登録し、管理することもできる。

IT資産情報をリストに出力して、ネットワークに接続していないIT資産の現物確認にも利用できるので、効率的に棚卸ができる。

さらに、部署の異動や移管などでPCや機器の管理元が変わっても、ネットワーク経由で存在を確認できる。IPアドレス情報などから機器の存在場所を特定して確認することが容易になり、棚卸の効率が向上する。

4.3 IT資産・配布管理

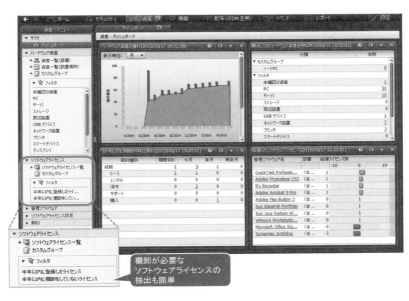

図4.6 効率的な棚卸を行う資産管理画面例

● セキュリティポリシーに沿ったセキュリティ対策

セキュリティ対策の統制

「更新プログラムは最新か」「ウィルス対策製品のバージョンは適切か」「禁止サービスが稼働していないか」といった判定や、禁止操作の設定、操作ログの設定など、さまざまなセキュリティポリシーを設定できる。セキュリティポリシーをグループ単位、PC単位に割り当てることで、セキュリティ対策を統制できる。

最新のセキュリティ対策の傾向（セキュリティトレンド）が変化したり、組織のセキュリティ方針が変更になった場合は、セキュリティポリシーを更新することでセキュリティ対策を徹底できる。

第4章 コンプライアンス

図4.7　セキュリティポリシー一覧画面例と設定項目メニュー画面例

更新プログラムとウィルス対策製品の適用

　最新の更新プログラムが適用されているか、Windows自動更新が無効になっていないか、といった更新プログラムを正しく適用しているかをチェックできる。

　ウィルス対策製品についてもエンジンバージョンや定義ファイルバージョン、常駐設定、ウィルススキャン最終完了日時をチェックできる。セキュリティ対策の遵守状況を確認し、問題がある場合は対策要求をメッセージで通知したり、ウィルス対策製品などを強制的に配布・インストールすることができる。

4.3 IT資産・配布管理

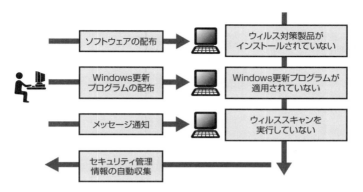

図4.8 セキュリティ対策状況の確認とセキュリティ対策の実施例

ソフトウェアのインストール状況の確認

　使用禁止ソフトウェアがインストールされていないかを確認できる。また、使用が必須なソフトウェアのインストール状況を確認し、インストールしていないPCに必須ソフトウェアを自動的にインストールすることもできる。これによって、使用を許可したソフトウェアだけを利用する環境を容易に提供できる。

使用禁止サービスの稼働確認

　使用を禁止したWindowsサービスが稼働していないかを確認することでPCの不正利用をチェックできる。

更新プログラム配布の省力化支援

　セキュリティポリシーで設定することにより、Windows更新プログラムを自動で配布することができる。PCのセキュリティ管理をする上で欠かせないWindows更新プログラムを効率良く配布できるため、管理者の負担が軽減される。

195

禁止操作の抑止

禁止操作を実行した場合には、利用者にポップアップでメッセージを通知したり、管理者にメールで通知したりすることで、禁止操作を抑止できる。また、使用を禁止しているソフトウェアのアンインストールも管理者がリモートで操作できる。

図4.9　禁止操作の抑止画面例

ログ取得

情報漏えいのリスクがある「社外Webへのアップロード」「添付ファイル付きメール送信」「USBメモリへのコピー」といった、データを社外に持ち出す操作のログを取得できる。

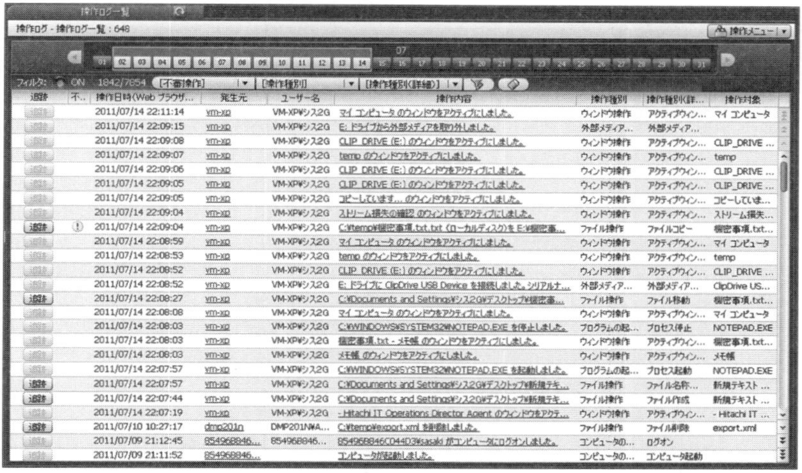

4.3 IT資産・配布管理

図4.10 セキュリティ管理画面（操作ログ一覧）例

OSのセキュリティ設定の確認

「パスワード設定」により、PCのパスワードをアカウント名と同じにしているといったパスワードの脆弱性や、パスワード更新からの経過日数などをチェックできる。パスワードの設定をチェックすることで、パスワードの解読によるPCへの不正アクセスを防止できる。

「スクリーンセーバーの設定」により、スクリーンセーバーの設定の有無や、スクリーンセーバーのパスワードによる保護の有無、スクリーンセーバーが起動するまでの待ち時間の設定などがチェックできる。スクリーンセーバーの各種設定の徹底により、離席時のPCの不正利用を防止できる。

セキュリティ診断レポート

セキュリティ診断レポートは、管理しているPCのセキュリティに関する総合評価、およびカテゴリー別の評価を、グラフや表を用いて表示できる。「期間指定セキュリティ診断」では、指定した期間のセキュリティ状況の診断結果が表示される。管理しているPCのセキュリティ対策状況を確認し、評価が低い項目から対策できる。

第4章　コンプライアンス

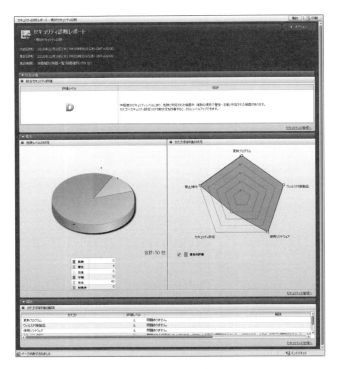

図4.11　セキュリティ診断レポートの画面例

● 不正PCの接続拒否

無許可接続PCの自動排除・検疫

　無許可で接続したPCを業務ネットワークから自動排除する仕組みを、既存ネットワーク環境で実現できる。正規の利用者に影響を与えずに、無許可で接続してきたPCだけをネットワークから排除できる。

　頻繁に変更が発生するウィルス定義ファイルなどを最新状態にした治療サーバを用意し、セキュリティ対策が脆弱なPCの接続を拒否して治療する検疫システムも構築可能である。

　無許可PCのネットワーク接続を拒否し、脆弱なPCを治療することで、セキュリティ対策を統制でき、企業内のセキュリティリスクを低減できる。

4.4 リモート操作
：JP1/Remote Control

　リモート操作とは、アプリケーションのセットアップやトラブル発生時の対処などに不慣れなユーザのために、専門知識を持つシステム管理者などが、手もとのPCから問題の発生したPCをネットワーク経由で遠隔操作することである。

リモート操作による遠隔保守とヘルプデスク支援
　管理対象のPCやサーバを遠隔操作できる。これにより、離れた場所にあるPCやサーバの障害発生時にすばやい復旧対応が可能になり、出張費などのコスト削減も図れる。

　問い合わせの内容確認や操作代行を現地に出向くことなく遠隔地からできるので、製品の使用方法やトラブル時の対処法などのヘルプデスク支援にも役立てることができる。

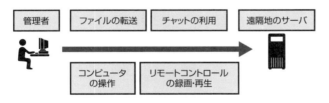

図4.12　リモート操作によるヘルプデスク支援の例

インテルvProテクノロジー対応を利用したリモート操作
　OS障害やハードディスク障害などで接続先PCが起動できない場合でも、管理者PCのドライブを利用して障害調査、OSイメージの修復、再インストールといった作業をリモートで実行できる。

第4章 コンプライアンス

用語説明 ➡ インテルvProテクノロジー

インテルCore vProプロセッサなどに組み込まれた、セキュリティ機能および管理機能の総称である。

リモート操作内容の漏えい防止

遠隔地からリモート操作を行う場合に、接続先PCの画面を非表示（黒画面）に設定できる。画面非表示中にリモート操作が終了したり、画面非表示が強制解除された場合は、自動的に接続先PCを操作できないようにするため、リモート操作内容の漏えいを防止できる。

リモート操作の高速化

ビットマップの減色、転送データの圧縮、壁紙の表示抑止、ビットマップキャッシュによる描画などの機能があり、低速な回線環境でもスムーズにリモート操作できる。

●ここがポイント！

IT資産・配布管理（JP1/IT Desktop Management 2）は、「ハードウェアの管理」「ソフトウェアの管理」「ソフトウェアの配布」「セキュリティ対策」など、IT資産管理に欠かせない機能をオールインワンで提供している。

4.5 セキュリティ管理

メディア、印刷、メールによる機密情報の不正な持ち出しを防止する。さらに、これらのログを管理することで高いセキュリティレベルを維持する。さらに、万一情報が漏えいした場合、ファイルの暗号化により第三者による閲覧を防止する。セキュリティ管理を構成する製品には、情報漏えい防止

4.6 情報漏えい防止

（JP1/秘文）がある。

4.6 情報漏えい防止
：JP1/秘文

JP1/秘文は、情報の不正な持ち出しや、人的ミスによる情報漏えいを未然に防ぎ、安全な方法で情報を利用するためのセキュリティ対策製品である。社内ネットワークにある機密データの不正な持ち出しや、組織内外の関係者間での情報共有時に起こりうる情報流出を「出さない」「見せない」「放さない」の3つの視点で対策することで、さまざまな情報漏えいリスクを見据えた着実なセキュリティ対策を実現できる。各自の判断に任せない管理者主導のセキュリティ対策が可能なため、不正利用を意図した情報漏えいを回避するだけでなく、データの送受信や組織外へのデータの持ち出しなど、あらゆる業務で起こりうる過失的な情報漏えいの不安に担当者が脅かされる心配もなくなる。

表4.1　情報漏えい防止の機能

3つの視点	概要	機能
出さない	スマートフォンやUSBメモリなどのデバイスの利用をコントロールし、機密データが社外に出ることを防ぐ	デバイス制御
		ネットワーク制御
		ログ取得・管理
見せない	PCや記録メディア、ファイルサーバのデータを暗号化し、第三者に情報の中身を見せない	ドライブ暗号化
		メディア暗号化
		ファイルサーバ暗号化
放さない	ファイルの閲覧停止（IRM）で、相手に渡した情報の不正利用や流出・拡散を防止する	IRM
		ファイル保護
		予兆検知・可視化

4
解説

デバイス制御

スマートフォン、USBメモリなどのリムーバブルメディア、有線LAN、無線LAN、赤外線（IrDA）やBluetoothなどを利用した通信など、さまざまなデバイス（PCの周辺機器）を利用したデータのやりとりを制限できる。利用できるデバイスを制限することで、不正なデータコピーによる情報漏えいを防止できる。

ネットワーク制御

管理者が許可していないアクセスポイントはPCに表示しないようにできるため、スマートフォンやモバイルルータなどのテザリング機能や不正に持ち込んだルータなどを利用したインターネット接続を禁止できる。許可したアクセスポイントを使用する場合でも、許可したネットワーク以外には接続させないようにできる。また、インターネットに接続するときには強制的に社内のVPNサーバを経由させることで、情報漏えいのリスクを低減できる。

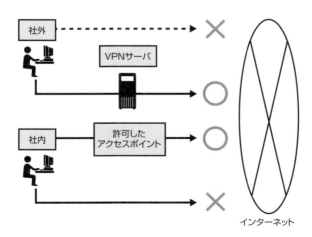

図4.13　ネットワーク制御の例

4.6　情報漏えい防止

　出張用のPCなどにデータをコピーして社外に持ち出しても、管理者が許可したネットワークとの接続が切れると、PCのスクリーンをロックして操作を禁止し、不正なデータの持ち出しを防止できる。

● ログ取得・管理

　PCへのデバイスの接続ログや、リムーバブルメディアなどへのデータのコピーといった利用者の持ち出しログだけでなく、ネットワークへの接続や通信先ログを取得できる。ログを参照することで、不正な操作や社外への通信が行われていないかどうかの確認や通知ができる。また、ログ管理を周知することで不正行為の抑止効果も期待できる。

● ドライブ暗号化、メディア暗号化、 ファイルサーバ暗号化

　社内PCの内蔵ハードディスクをドライブごと暗号化し、PCの盗難や置き忘れなどによる情報漏えいを防止する。PCに保存されたデータは強制的・自動的に暗号化されるため、利用者が暗号化や復号を意識する必要がなくなる。また、リムーバブルメディアや外付けハードディスク、CD/DVD、ファイルサーバの共有フォルダも暗号化するので、社内でのデータのやりとりを安全に効率よく行える。

● IRM、ファイル保護

　参照以外の操作を禁止した暗号化ファイル（閲覧型機密ファイル）を作成できる。社外に閲覧型機密ファイルを送信しても参照しかできないため、不正な二次利用（編集、印刷、クリップボードへのコピー、プリントスクリーン）を防止できる。また、閲覧型機密ファイルには有効期限を設定でき、期限を過ぎると自動的に参照できなくなるので、社外に送信した場合でも期限管理や削除依頼の手間が省ける。

203

第4章　コンプライアンス

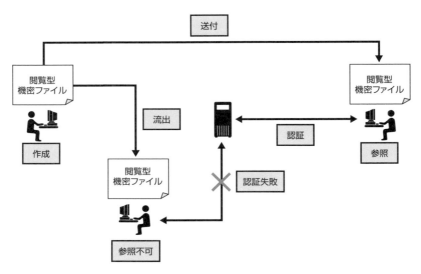

図4.14　ファイル保護の例

予兆検知・可視化

　閲覧型機密ファイルを開くときのパスワード認証を一定回数失敗するなど、情報流出が疑われる操作を検知すると、メールで管理者に自動通知する。また、閲覧型機密ファイルが参照された場所が地図上に表示されるため、利用範囲外で参照されたことを視覚的に確認できる。情報流出が疑われる場合には、すぐに閲覧型機密ファイルを閲覧停止（失効）にすることで、情報の拡散を防止できる。

4.6　情報漏えい防止

> **事例**　**セキュリティ対策**
>
> 　セキュリティ対策にあたっては、以下のようなポリシーの設定例を紹介する。
>
> - PCをドライブ単位で暗号化して、万一モバイルPCが紛失や盗難にあった場合にも第三者によるデータの閲覧を防ぐようにしておく。
> - USBメモリで持ち出しファイルだけを暗号化し、万一USBメモリが紛失や盗難にあった場合にも第三者による閲覧を防ぐようにしておく。
> - メール添付資料を暗号化し、万一の誤送信で第三者に渡っても、パスワードがわからなければ、ファイルがまったく閲覧できないようにしておく。

4
解説

205

第4章　コンプライアンス

練習問題

問題 1

　　　次のIT資産・配布管理（JP1/IT Desktop Management 2）の説明で、空欄εに当てはまる適切な語句はどれか。

「ハードウェアの管理」「ソフトウェアの管理」「ソフトウェアの配布」「【　a　】」など、IT資産管理に欠かせない機能をオールインワンで提供しているので、いくつものツールをインストールする必要がなく、導入の手間を省くことができる。

　　○　**ア.** ネットワークの構成管理
　　○　**イ.** ファイルの暗号化
　　○　**ウ.** セキュリティ対策
　　○　**エ.** 業務の自動運用
　　○　**オ.** サーバの稼働情報収集

（解説）

　IT資産・配布管理（JP1/IT Desktop Management 2）は「ハードウェアの管理」「ソフトウェアの管理」「ソフトウェアの配布」「セキュリティ対策」などの機能を提供している。

　【ア】：ネットワークの構成管理はネットワークノードマネージャ（JP1/Network Node Manager i、JP1/Network Node Manager i Advanced）の機能である。

　【イ】：ファイルの暗号化は情報漏えい防止（JP1/秘文）の機能である。

　【エ】：業務の自動運用はジョブスケジューラ（JP1/Automatic Job ManagementSystem 3）の機能である。

　【オ】：サーバの稼働情報収集は稼働性能管理（JP1/Performance Management）の機能である。

解答	ウ

206

練習問題

問題 **2**　次のコンセプトカテゴリーや製品カテゴリーの説明で、空欄a、bに当てはまる語句の組み合わせとして、適切なものはどれか。

製品カテゴリーの1つ【　a　】は、ソフトウェアやハードウェアなどのIT資産情報やセキュリティ対策状況を把握し一元管理することで、IT資産を有効活用でき、PCや業務サーバの操作ログ（証跡記録）の取得などにより、コンプライアンスを徹底することができる。また、【　a　】は【　b　】を構成する製品カテゴリーである。

- ○ **ア.** a：ネットワーク管理、b：オートメーション
- ○ **イ.** a：パフォーマンス管理、b：コンプライアンス
- ○ **ウ.** a：統合管理、b：モニタリング
- ○ **エ.** a：ジョブ管理、b：ファウンデーション
- ○ **オ.** a：資産・配布管理、b：コンプライアンス

4
問題

（**解　説**）

　資産・配布管理はコンプライアンスを構成する製品カテゴリーの1つである。ソフトウェアやハードウェアなどのIT資産情報やセキュリティ対策状況を把握し一元管理することで、IT資産を有効活用できる。

　【ア】：ネットワーク管理はモニタリングを構成する製品カテゴリーの1つであり、業界標準プロトコルであるSNMPを採用し、ファイアウォールやNATを介したネットワークも含め、ネットワークの一元管理を実現する。

　【イ】：パフォーマンス管理はモニタリングを構成する製品カテゴリーの1つであり、サービス利用者とサービス提供側の各々の視点でシステム全体を可視化し、システムで発生するさまざまな問題を解決する。

　【ウ】：統合管理はモニタリングを構成する製品カテゴリーの1つであり、監視対象から収集した管理情報を1台のコンソール画面に表示し、企業情報システム全体の稼働状況をリアルタイムに監視する。

　【エ】：ジョブ管理はオートメーションを構成する製品カテゴリーの1つであり、業務実行のスケジューリングなど、業務の自動化に必要な機能を提供する。

解答	オ

207

第4章　コンプライアンス

問題
3
　　IT資産・配布管理（JP1/IT Desktop Management 2）のキー
ワードとして、適切なものはどれか。

○　**ア.** ジョブスケジューラ

○　**イ.** サーバ稼働管理

○　**ウ.** IT資産のライフサイクル管理

○　**エ.** ネットワーク管理

○　**オ.** 統合コンソール

解 説

　IT資産・配布管理（JP1/IT Desktop Management 2）は、IT資産のライフサ
イクル管理の各フェーズで必要な「ハードウェアの管理」「ソフトウェアの管理」
「ソフトウェアの配布」「セキュリティ対策」に対応した機能を備えている。

　【ア】：ジョブ管理を構成する製品である。

　【イ】：パフォーマンス管理を構成する製品である。

　【エ】：ネットワーク管理を構成する製品である。

　【オ】：統合管理を構成する製品である。

解答	ウ

208

練習問題

問題
4

情報漏えい防止〔JP1／秘文〕の機能として適切なものはどれか。

○　**ア.** Web ページの改ざんの検出

○　**イ.** ウィルスの検出と削除

○　**ウ.** デバイス制御

○　**エ.** 迷惑メールのフィルタリング機能

○　**オ.** 無許可接続PCのネットワークへの接続拒否

（解 説）

　情報漏えい防止（JP1／秘文）の主な機能は、デバイス制御、ネットワーク制御、ログ取得・管理、暗号化、ファイルの閲覧停止である。

　【ア】、【イ】、【エ】：情報漏えい防止（JP1／秘文）の製品にない機能である。

　【オ】：IT資産・配布管理（JP1/IT Desktop Management 2）の機能である。

4
問題

| 解答 | ウ |

209

第4章　コンプライアンス

問題 5

IT資産・配布管理（JP1/IT Desktop Management 2）の機能説明として、間違っているものはどれか。

- ○ **ア.** モバイルPCのデータやリムーバブルメディア内の情報を暗号化することで、万一紛失や盗難にあった場合にも第三者による解読を防ぐ。
- ○ **イ.** 遠隔保守とヘルプデスク支援ができる。
- ○ **ウ.** ソフトウェアライセンスの保有数と実際のライセンス消費数、割り当て済みPCとインストール済みPCを把握できる。
- ○ **エ.** 「更新プログラムは最新か」「ウィルス対策製品のバージョンは適切か」「禁止サービスが稼働していないか」といった判定や、禁止操作の設定、操作ログの設定など、さまざまなセキュリティポリシーを設定することで、セキュリティ対策を徹底できる。
- ○ **オ.** IT資産管理に必要な機能をオールインワンで提供している。

解説

　モバイルPCのデータやリムーバブルメディア内の情報の暗号化は情報漏えい防止（JP1/秘文）の機能である。

　【イ】：IT資産・配布管理（JP1/IT Desktop Management 2）のリモート操作の機能説明である。

　【ウ】：IT資産・配布管理（JP1/IT Desktop Management 2）のソフトウェアのライセンス管理の機能説明である。

　【エ】：IT資産・配布管理（JP1/IT Desktop Management 2）のセキュリティ対策の統制の機能説明である。

　【オ】：IT資産・配布管理（JP1/IT Desktop Management 2）は、IT資産管理に必要な機能をオールインワンで提供している。

解答	ア

練習問題

問題 6

　無許可で接続したPCを業務ネットワークから自動排除する仕組みを、既存ネットワーク環境で実現できる機能を備えた製品として適切なものはどれか。

- ○ **ア.** サービスレベル管理基盤（JP1/Service Level Management）
- ○ **イ.** 監査証跡管理（JP1/Audit Management）
- ○ **ウ.** ネットワークノードマネージャ（JP1/Network Node Manager i 、JP1/Network Node Manager i Advanced）
- ○ **エ.** IT資産・配布管理（JP1/IT Desktop Management 2）
- ○ **オ.** 情報漏えい防止（JP1/秘文）

解説

　IT資産・配布管理（JP1/IT Desktop Management 2）は、無許可で接続したPCを業務ネットワークから自動排除する仕組みを、既存ネットワーク環境で実現できる。

　【ア】：サービスレベル管理（JP1/Service Level Management）は、サービスレベル管理（SLM）を実現する製品である。Web システムで求められるサービスレベル管理（SLM）の運用サイクルとして、サービスの監視・評価（Check）を支援する機能を提供する。

　【イ】：監査証跡管理（JP1/Audit Management）は、内部統制が機能していることを証明するために、必要とされる監査証跡（証跡記録）を収集・管理し、長期間にわたる保管を実現する製品である。

　【ウ】：ネットワークノードマネージャ（JP1/Network Node Manager i 、JP1/Network Node Manager i Advanced）は、業界標準のSNMP を採用し、ネットワークの構成管理や障害管理を実現する製品である。

　【オ】：情報漏えい防止（JP1/秘文）は、メディア、印刷、メールによる機密情報の不正な持ち出しを防止し、これらのログを管理することで高いセキュリティレベルを維持する製品である。さらに、万一情報が漏えいした場合に備えて、ファイルの暗号化により第三者による閲覧を防止する。

| 解答 | エ |

211

第4章　コンプライアンス

> **問題 7**
>
> IT資産・配布管理（JP1/IT Desktop Management 2）のインベントリ情報の自動収集の機能で取得できるインベントリ情報として、間違っているものはどれか。
>
> ○　**ア.** ハードウェア情報
> ○　**イ.** ソフトウェア情報
> ○　**ウ.** セキュリティ関連情報
> ○　**エ.** ユーザ固有情報
> ○　**オ.** ソフトウェアライセンス情報

解 説

　IT資産・配布管理（JP1/IT Desktop Management 2）のインベントリ情報の自動収集の機能ではソフトウェアライセンス情報は取得できない。IT資産・配布管理（JP1/IT Desktop Management 2）では、ソフトウェアのライセンス管理で、ソフトウェアライセンスの保有数と実際のライセンス消費数、割り当て済みPCとインストール済みPCを把握できる。

　【ア】：ハードディスク空き容量、実装メモリ容量などのハードウェア情報を取得できる。

　【イ】：名称、バージョン、メーカーなどのソフトウェア情報を取得できる。

　【ウ】：適用されている更新プログラム、ウィルス対策製品（エンジン、定義ファイルバージョン、常駐/非常駐）、OS設定などのセキュリティ関連情報を取得できる。

　【エ】：PC利用者氏名、所属、電話番号、社員番号、メールアドレスなどのユーザ固有情報を取得できる。

| 解答 | オ |

練習問題

問題
8　　情報漏えい防止〔JP1/秘文〕の機能として間違っているものはどれか。

○　**ア.** デバイス制御

○　**イ.** 暗号化

○　**ウ.** ファイルの閲覧停止

○　**エ.** ソフトウェアのライセンス管理

○　**オ.** ネットワーク制御

(解説)

　ソフトウェアのライセンス管理はIT資産・配布（JP1/IT Desktop Management 2）の機能である。

　【ア】：スマートフォン、USBメモリなどのリムーバブルメディアなど、さまざまなデバイス（PCの周辺機器）を利用したデータのやりとりを制限できる。

　【イ】：ドライブ暗号化、メディア暗号化、ファイルサーバ暗号化による情報漏えいを防止する。

　【ウ】：参照以外の操作を禁止した暗号化ファイルを作成でき、参照しかできないため、不正な二次利用を防止できる。

　【オ】：管理者が許可していないアクセスポイントは利用できないため、不正なインターネット接続を禁止できる。

| 解答 | エ |

第4章　コンプライアンス

問題 9

IT資産・配布管理（JP1/IT Desktop Management 2）のセキュリティポリシーに沿ったセキュリティ対策において、セキュリティポリシーで設定できるものとして、間違っているものはどれか。

- ○　**ア.** 更新プログラムとウィルス対策製品の適用
- ○　**イ.** ウィルス感染の確認
- ○　**ウ.** ソフトウェアのインストール状況の確認
- ○　**エ.** 使用禁止サービスの稼働確認
- ○　**オ.** 禁止操作の抑止

解 説

　IT資産・配布管理（JP1/IT Desktop Management 2）のセキュリティポリシーに沿ったセキュリティ対策において、ウィルス感染の判定をセキュリティポリシーとして設定することはできない。

　【ア】：最新の更新プログラムが適用されているか、Windows自動更新が無効になっていないかなど、更新プログラムを正しく適用しているかをチェックできる。また、ウィルス対策製品についてもエンジンバージョンや定義ファイルバージョン、常駐設定、ウィルススキャン最終完了日時をチェックできる。

　【ウ】：使用禁止ソフトウェアがインストールされていないかを確認できる。

　【エ】：使用を禁止したサービスが稼働していないかを確認することでPCの不正利用をチェックできる。

　【オ】：禁止操作を実行した場合には、利用者にポップアップでメッセージを通知したり、管理者にメールで通知したりすることで、禁止操作を抑止できる。

| 解答 | イ |

練習問題

問題
10
IT資産・配布管理（JP1/IT Desktop Management 2）で出力できるレポートとして、間違っているものはどれか。

○ **ア.** 稼働情報のレアルタイムレポート

○ **イ.** ダイジェストレポート

○ **ウ.** 資産詳細レポート

○ **エ.** 余剰ライセンスと超過ライセンスのレポート

○ **オ.** セキュリティ診断レポート

（解 説）

IT資産・配布管理（JP1/IT Desktop Management 2）には、稼働情報のリアルタイムレポートを表示する機能はない。稼働性能管理（JP1/Performance Management）では、サーバの稼働情報のリアルタイムレポートを出力することができる。

【イ】：日次・週次・月次にメールで送信されるダイジェストレポートで、システム全体の概況を確認できる。

【ウ】：資産詳細レポートでは、ハードウェアやソフトウェアのリース、レンタル、保守、サポート、購入費用などを集計し、実際の購入や運用にかかっているコストをトータルに評価できる。

【エ】：インストールしているソフトウェアの数を自動集計し、保有しているライセンス数と比較して余剰ライセンスと超過ライセンスをレポート表示できる。

【オ】：セキュリティ診断レポートは、管理しているPCのセキュリティに関する総合評価、およびカテゴリー別の評価を、グラフや表を用いて表示できる。

4
問題

解答	ア

215

第4章　コンプライアンス

問題
11
　　次のIT資産・配布管理（JP1/IT Desktop Management 2）の説明で、空欄a、bに当てはまる語句の組み合わせとして、適切なものはどれか。

IT資産・配布管理（JP1/IT Desktop Management 2）は、クラウド時代の多様化するビジネス環境に対応できるIT資産の【　a　】を支援するため、「ハードウェアの管理」「ソフトウェアの管理」「ソフトウェアの配布」「セキュリティ対策」など、IT資産管理に欠かせない機能を【　b　】で提供する。

- ○　**ア.** a：運用・保守、b：充実した製品群
- ○　**イ.** a：運用・保守、b：オールインワン
- ○　**ウ.** a：ライフサイクル管理、b：充実した製品群
- ○　**エ.** a：ライフサイクル管理、b：オールインワン
- ○　**オ.** a：機器調達・導入・配布、b：オールインワン

解説

　IT資産・配布管理（JP1/IT Desktop Management 2）では、IT資産のライフサイクル管理を支援するため、ライフサイクルの各フェーズで必要な機能をオールインワンで提供している。IT資産のライフサイクルは、「計画・予算」から始まり、「機器調達・導入・配布」「運用・保守」「評価」「廃棄」というフェーズの流れとなる。

解答	エ

練習問題

問題 12

次のコンセプトカテゴリーや製品カテゴリーの説明で、空欄a、bに当てはまる語句の組み合わせとして、適切なものはどれか。

製品カテゴリーの1つ【 a 】は、メディア、印刷、メールによる機密情報の不正な持ち出しを防止し、これらのログを管理することで高いセキュリティレベルを維持する。さらに、万一情報が漏えいした場合、ファイルの暗号化により第三者による閲覧を防止する。また、【 a 】は【 b 】を構成する製品カテゴリーである。

- ○ **ア.** a：ネットワーク管理、b：オートメーション
- ○ **イ.** a：セキュリティ管理、b：コンプライアンス
- ○ **ウ.** a：統合管理、b：モニタリング
- ○ **エ.** a：ジョブ管理、b：コンプライアンス
- ○ **オ.** a：資産・配布管理、b：モニタリング

4
問題

解説

セキュリティ管理は、コンプライアンスを構成する製品カテゴリーの1つであり、情報漏えいを防止する機能を提供する。

【ア】：ネットワーク管理は、モニタリングを構成する製品カテゴリーの1つであり、業界標準プロトコルであるSNMPを採用し、ファイアウォールやNATを介したネットワークも含め、ネットワークの一元管理を実現する。

【ウ】：統合管理は、モニタリングを構成する製品カテゴリーの1つであり、監視対象から収集した管理情報を1台のコンソール画面に表示し、企業情報システム全体の稼働状況をリアルタイムに監視する。

【エ】：ジョブ管理は、オートメーションを構成する製品カテゴリーの1つであり、業務実行のスケジューリングや予実績管理など、業務の自動化に必要な機能を提供する。

【オ】：資産・配布管理はコンプライアンスを構成する製品カテゴリーの1つであり、ソフトウェアやハードウェアなどのIT資産情報やセキュリティ対策状況を把握し一元管理することで、資産を有効活用できる。

解答	イ

217

第5章

模擬試験

この章では、模擬試験を3回分掲載している。試験と同じ20問で構成しているので、試験と同じ40分間で取り組み、全問正解になるまで繰り返し練習すること。

この章の内容

第1回　模擬試験
第2回　模擬試験
第3回　模擬試験

第1回　模擬試験

【模擬試験の使い方】

- ここでは、各章末の練習問題の復習と全体の理解度を測るため、各章に関係なくランダムに出題している。
- 学習効果を確認し、間違えた問題は解答を確認するだけではなく、該当の章を再度復習すること。
- 全問正解になるまで繰り返し学習すること。
- 解答群の選択肢の数は実際の試験と異なる場合がある。

第1回　模擬試験

◆◆◆ 問題 1

統合コンソール（JP1/Integrated Management）において、以下の説明を表すものとして適切なものはどれか。

地図や業務構成図など任意の画像を監視画面の背景にしたり、監視対象間の関連を表すためにアイコンを重ね合わせて表示できるため、より現実に近い画面で直感的な監視を実現できる。

- ○　**ア.** イベントコンソール画面
- ○　**イ.** 監視ツリー画面
- ○　**ウ.** ビジュアル監視画面
- ○　**エ.** 統合機能メニュー
- ○　**オ.** ガイド機能

◆◆◆ 問題 2

「モニタリング」製品群において、以下の説明を表す製品として適切なものはどれか。

利用者からの問い合わせや要求、システムで発生した案件（システム障害など）をインシデントとして管理できる。必要に応じて、「問題管理」「変更管理」「リリース管理」にエスカレーションして関連性を持たせることで、作業記録を一元管理できる。

- ○　**ア.** 通報管理（JP1/TELstaff）
- ○　**イ.** ITプロセス管理（JP1/Service Support）
- ○　**ウ.** ネットワークノードマネージャ（JP1/Network Node Manager i）
- ○　**エ.** 構成管理（JP1/Universal CMDB）
- ○　**オ.** 統合コンソール（JP1/Integrated Management）

221

第5章　模擬試験

◆◆◆ 解説 1　　　　　　　　　　　　　　　　解答 ウ

　統合管理の統合コンソール（JP1/Integrated Management）のビジュアル監視画面は、業務構成図や地図など、任意の画像上に、監視オブジェクトを配置した画面である。これにより、監視ターゲットが直感的に監視できる。

　【ア】：イベントコンソール画面は、システムで発生する事象（イベント）を監視できる。

　【イ】：監視ツリー画面は、システム上に分散する業務や、サーバ、プロセス、リソースなどをグループ化して監視できる。

　【エ】：統合機能メニューは、システム管理に必要な連携製品の画面を簡単に呼び出せる。

　【オ】：ガイド機能は、障害が発生した際に、あらかじめ登録しておいた対処方法を表示することで、迅速な障害復旧をサポートする。

◆◆◆ 解説 2　　　　　　　　　　　　　　　　解答 イ

　ITプロセス管理（JP1/Service Support）は、ITILサービスサポートの各プロセス（インシデント管理、問題管理、変更管理、リリース管理）を一元管理し、運用プロセスの統制により、審査・承認を漏れなく行うなど、確実で正しい業務運用を支援する。

　【ア】：通報管理（JP1/TELstaff）は、パトロールランプ、電子メールなどで、障害や問題点を通報する。

　【ウ】：ネットワークノードマネージャ（JP1/Network Node Manager i）は、ネットワーク上に存在する機器を監視する。

　【エ】：構成管理（JP1/Universal CMDB）は、複雑・大規模なシステムの構成を可視化し、把握できる。また、システムの構成を変更する場合、事前に影響範囲を把握でき、変更履歴の管理も可能である。

　【オ】：統合コンソール（JP1/Integrated Management）は、システム全体をJP1イベントにより集中監視できる。

222

第1回　模擬試験

◆◆◆　問題3

構成管理（JP1/Universal CMDB）の機能説明として適切なものはどれか。

- ○　**ア.** 統合コンソールの管理対象のサーバ構成を使いやすいGUI画面で設定・管理できる。
- ○　**イ.** ネットワーク上のノードを検出し、自動的にネットワーク構成図（トポロジマップ）を作成できる。
- ○　**ウ.** ネットワークに接続されたPCのハードウェア情報、ソフトウェア情報、セキュリティ関連情報といったインベントリ情報を自動収集し、一元管理できる。
- ○　**エ.** サービスサポートの各プロセス（インシデント管理、問題管理、変更管理、リリース管理）を一元管理できる。
- ○　**オ.** システム構成をエージェントレスで自動検出し、ジョブネット関連の構成を含め、サーバ、ネットワーク機器、ストレージ、アプリケーションの相互接続構成を確認できる。

◆◆◆　問題4

統合コンソール（JP1/Integrated Management）のガイド機能の説明として適切なものはどれか。

- ○　**ア.** システム管理に必要な連携製品の画面を簡単に呼び出せる。
- ○　**イ.** 「対処済」「処理中」「保留」「未対処」の対処状況をユーザ側で設定できる。
- ○　**ウ.** 同一内容のJP1イベントが連続して発行された場合に、繰り返して発行されるJP1イベントを集約して表示できる。
- ○　**エ.** HTML形式で表示できるため、文字の大きさや色を変えて強調するなど、見やすいように表示できる。
- ○　**オ.** 管理対象のサーバ構成を使いやすいGUI画面で設定・管理できる。

223

第5章　模擬試験

◆◆◆ 解説3 　　　　　　　　　　　　　　　　　　　解答 ｜ オ

構成管理（JP1/Universal CMDB）は、システム構成をエージェントレスで自動
検出し、ジョブネット関連の構成を含め、サーバ、ネットワーク機器、ストレージ、
アプリケーションの相互接続構成を確認できる。システム構成は業務視点や仮想化
構成での視点など、管理者の目的に応じた任意の視点で表示できる。

【ア】：統合管理の統合コンソール（JP1/Integrated Management）のIM構成管
理画面の説明である。

【イ】：ネットワークノードマネージャ（JP1/Network Node Manager i、JP1/
Network Node Manager i Advanced）の説明である。

【ウ】：資産・配布管理のIT資産・配布管理（JP1/IT Desktop Management 2）
の説明である。

【エ】：ITサービス管理のITプロセス管理（JP1/Service Support）の説明である。

◆◆◆ 解説4 　　　　　　　　　　　　　　　　　　　解答 ｜ エ

統合管理の統合コンソール（JP1/Integrated Management）では、対処方法や
対応手順などを登録したガイド情報を表示できる。障害が発生した際には、あらか
じめ登録しておいた対処方法（ガイド情報）を表示することで、迅速な障害復旧を
サポートする。

【ア】：統合機能メニューの説明である。

【イ】：JP1イベントの対処/未対処表示の説明である。

【ウ】：繰り返しイベントの説明である。

【オ】：統合コンソールのIM構成管理画面の説明である。

第1回　模擬試験

◆◆◆ 問題5

統合管理のメッセージ変換機能（JP1/Integrated Management）の概要で、
【　a　】～【　b　】に当てはまる適切な語句の組み合わせとして、正しいものは
どれか。

イベントの【　a　】や【　b　】を任意の内容に変更できる。メッセージを「見
やすく」「わかりやすく」することで、判断ミスや対応の遅れなどを減らすことが
できる。

- ○　**ア.** a：イベントID、b：メッセージテキスト
- ○　**イ.** a：重大度、b：メッセージテキスト
- ○　**ウ.** a：対処状況、b：メモ
- ○　**エ.** a：対処状況、b：イベントID
- ○　**オ.** a：重大度、b：メモ

◆◆◆ 問題6

以下に示す製品とコンセプトカテゴリーの組み合わせとして適切なものはどれ
か。

- ○　**ア.** 統合管理は、コンプライアンスに対応する製品である。
- ○　**イ.** 資産・配布管理は、オートメーションに対応する製品である。
- ○　**ウ.** バックアップ管理は、コンプライアンスに対応する製品である。
- ○　**エ.** パフォーマンス管理は、モニタリングに対応する製品である。
- ○　**オ.** ITサービス管理は、コンプライアンスに対応する製品である。

225

第5章　模擬試験

◆◆◆ 解説5　　　　　　　　　　　　　　　　解答　イ

　統合管理のメッセージ変換機能（JP1/Integrated　Management）は、イベント
コンソール画面に表示するJP1イベントの重大度を変更したり、メッセージのフォー
マットを変換したりできる。表示するメッセージを「見やすく」「わかりやすく」変
換することで、オペレータによる判断ミスや重要メッセージの見逃し、対応の遅れな
どのヒューマンエラーの削減に役立てることができる。

◆◆◆ 解説6　　　　　　　　　　　　　　　　解答　エ

パフォーマンス管理は、モニタリングに対応する製品である。

【ア】：統合管理は、モニタリングに対応する製品である。

【イ】：資産・配布管理は、コンプライアンスに対応する製品である。

【ウ】：バックアップ管理は、オートメーションに対応する製品である。

【オ】：ITサービス管理は、モニタリングに対応する製品である。

226

第1回　模擬試験

◆◆◆ 問題7

　稼働性能管理（JP1/Performance Management）において、以下の機能の説明を表すものとして適切なものはどれか。

危険域や警告域のしきい値に達した際にシステム管理者に通知する方法やレポートの表示形式が標準で定義されている。

- ○　**ア.** クイックガイド
- ○　**イ.** 監視テンプレート
- ○　**ウ.** レポート情報
- ○　**エ.** レコード
- ○　**オ.** ベースライン

◆◆◆ 問題8

　次の説明に該当するJP1製品はどれか。

サービスレベルの定期的評価に加え、日々の問題を未然に防ぐサイレント障害検知などのリアルタイム監視によって、安定したサービスを提供できているかどうかを監視・評価できる。

- ○　**ア.** ITプロセス管理（JP1/Service Support）
- ○　**イ.** 統合コンソール（JP1/Integrated Management）
- ○　**ウ.** サービスレベル管理（JP1/Service Level Management）
- ○　**エ.** 稼働性能管理（JP1/Performance Management）
- ○　**オ.** 構成管理（JP1/Universal CMDB）

第5章　模擬試験

◆◆◆ 解説7　　　　　　　　　　　　　　解答　イ

　稼働性能管理（JP1/Performance Management）は、監視対象でよく利用される定義済みテンプレートを提供している。このテンプレートには、稼働情報の表示形式を定めたレポートとアラーム（監視項目のしきい値としきい値に達したときの警告方法）が標準で定義されているため、インストール直後からスムーズに運用を開始できる。

◆◆◆ 解説8　　　　　　　　　　　　　　解答　ウ

　サービスレベル管理（JP1/Service Level Management）は、サービスレベルの定期的評価に加え、日々の問題を未然に防ぐサイレント障害検知などのリアルタイム監視によって、安定したサービスを提供できているか監視、評価できる。

第1回　模擬試験

◆◆◆ 問題9

次の説明に該当するジョブ管理の製品はどれか。

HTTPSによる通信で、通信経路を保護する。また、決められた宛先以外にデータを送信できないようにしたり、承認がないと送信できないように設定できるため、重要な情報の誤送信や目的外の利用を防止できる。

- ○ **ア.** ジョブ定義情報の一括収集・反映（JP1/Automatic Job Management System 3 - Definition Assistant）
- ○ **イ.** ERP連携（JP1/Automatic Job Management System 3 for Enterprise Applications）
- ○ **ウ.** 運用情報印刷（JP1/Automatic Job Management System 3 - Print Option）
- ○ **エ.** 高速大容量ファイル転送（JP1/Data Highway）
- ○ **オ.** ファイル転送（JP1/File Transmission Server/FTP）

◆◆◆ 問題10

ジョブスケジューラ（JP1/Automatic Job Management System 3）について、空欄aに入る適切なものはどれか。

ジョブ実行制御機能では、【　a　】を使ってジョブを実行する。
【　a　】に指定されたジョブ実行多重度以上のジョブを実行しようとした場合は、メモリ上に蓄積されジョブの実行終了を待って順次実行される。

- ○ **ア.** ジョブ
- ○ **イ.** 実行エージェント
- ○ **ウ.** キュー
- ○ **エ.** テンプレート
- ○ **オ.** フィルタ

第5章　模擬試験

◆◆◆ 解説9　　　　　　　　　　　　　　　　　　　　解答　エ

【ア】：ジョブの定義をMicrosoft Excelファイルを介して一括定義することができる製品である。

【イ】：SAP ERPシステムとの連携が可能になり、ジョブスケジューラのジョブの1つとしてSAP ERPジョブを定義できる製品である。

【ウ】：ジョブネットの定義情報、実行予定などジョブ運用帳票を出力できる製品である。

【オ】：業務と連携した自動化機能や効率を向上させる機能を豊富に備えたファイル転送製品である。

◆◆◆ 解説10　　　　　　　　　　　　　　　　　　　解答　イ

実行エージェントとは、実際にジョブを実行する物理的なサーバのホスト名に対応したジョブスケジューラ上の論理的な名称で、ジョブを実行するサーバのホスト名をジョブの定義から分離することで、ジョブ定義の移行性を確保している。

実行エージェントに指定されたジョブ実行多重度以上のジョブを実行しようとした場合は、メモリ上に蓄積されジョブの実行終了を待って順次実行される。

230

第1回　模擬試験

◆◆◆ 問題11

以下の説明を表すジョブの種類として適切なものはどれか。

時間の経過を監視して処理を実行する。

- ○　**ア.** ログファイル監視ジョブ
- ○　**イ.** JP1イベント受信監視ジョブ
- ○　**ウ.** ファイル監視ジョブ
- ○　**エ.** 実行間隔制御ジョブ
- ○　**オ.** Windowsイベントログ監視ジョブ

◆◆◆ 問題12

次のジョブスケジューラ（JP1/Automatic Job Management System 3）に関する説明で空欄a、bの組み合わせとして適切なものはどれか。

ジョブスケジューラ（JP1/Automatic Job Management System 3）は、ジョブの【　a　】から実行指示、監視、【　b　】など、業務の自動運用に必要な機能を備え、GUI画面で簡単に操作できる。また、オプション製品群と組み合わせることで、さまざまな業務に適した運用を実現できる。

- ○　**ア.** a：開発、b：実績管理
- ○　**イ.** a：開発、b：暗号化
- ○　**ウ.** a：定義、b：暗号化
- ○　**エ.** a：定義、b：実績管理
- ○　**オ.** a：定義、b：ソフトウェア配布

231

第5章　模擬試験

◆◆◆ 解説 11　　　　　　　　　　　　　　解答　エ

　何分間待ってからジョブを実行する、というようなジョブネットの定義には、実行
間隔制御ジョブを使用する。

　【ア】：ログファイルに特定の情報が書き込まれたことを契機に処理を実行する
ジョブである。

　【イ】：JP1イベントの受信を契機に処理を実行するジョブである。

　【ウ】：ファイルの更新を契機に処理を実行するジョブである。

　【オ】：Windowsイベントログファイルに特定の情報が書き込まれたことを契機に
処理を実行するジョブである。

◆◆◆ 解説 12　　　　　　　　　　　　　　解答　エ

　ジョブスケジューラ（JP1/Automatic Job Management System 3）は、ジョブ
の定義から実行指示、監視、実績管理など、業務の自動運用に必要な機能を備え、
GUI画面で簡単に操作できる。また、オプション製品群と組み合わせることで、さま
ざまな業務に適した運用を実現する。さらに、クラスタ対応による信頼性向上、業務
量の増加・集中にも柔軟に対応可能である。

第1回　模擬試験

◆◆◆ 問題13

IT資産・配布管理（JP1/IT Desktop Management 2）のキーワードとして、適切なものはどれか。

○　**ア.** IT資産のライフサイクル管理

○　**イ.** 統合コンソール

○　**ウ.** ジョブスケジューラ

○　**エ.** ネットワーク管理

○　**オ.** 稼働性能管理

◆◆◆ 問題14

次のIT資産・配布管理（JP1/IT Desktop Management 2）の説明で、空欄aに当てはまる適切な語句はどれか。

「ハードウェアの管理」「ソフトウェアの管理」「【　a　】」「セキュリティ対策」など、IT資産管理に欠かせない機能をオールインワンで提供しているので、いくつものツールをインストールする必要がなく、導入の手間を省くことができる。

○　**ア.** サーバの稼働情報収集

○　**イ.** ネットワークの構成管理

○　**ウ.** 業務の自動運用

○　**エ.** ソフトウェアの配布

○　**オ.** ファイルの暗号化

233

第5章　模擬試験

◆◆◆ **解説13**　　　　　　　　　　　　解答｜ア｜

　IT資産・配布管理（JP1/IT Desktop Management 2）は、IT資産のライフサイクル管理の各フェーズで必要な「ハードウェアの管理」「ソフトウェアの管理」「ソフトウェアの配布」「セキュリティ対策」に対応した機能を備えている。

【イ】：統合管理を構成する製品である。

【ウ】：ジョブ管理を構成する製品である。

【エ】：ネットワーク管理を構成する製品である。

【オ】：パフォーマンス管理を構成する製品である。

◆◆◆ **解説14**　　　　　　　　　　　　解答｜エ｜

　IT資産・配布管理（JP1/IT Desktop Management 2）は「ハードウェアの管理」「ソフトウェアの管理」「ソフトウェアの配布」「セキュリティ対策」などの機能を提供している。

【ア】：サーバの稼働情報収集は、稼働性能管理（JP1/Performance Management）の機能である。

【イ】：ネットワークの構成管理は、ネットワークノードマネージャ（JP1/Network Node Manager i、JP1/Network Node Manager i Advanced）の機能である。

【ウ】：業務の自動運用は、ジョブスケジューラ（JP1/Automatic Job Management System 3）の機能である。

【オ】：ファイルの暗号化は、情報漏えい防止（JP1/秘文）の機能である。

234

第1回　模擬試験

◆◆◆ 問題15

監査証跡管理（JP1/Audit Management）の説明として適切なものはどれか。

- ○ **ア.** インベントリ情報の自動収集ができる。
- ○ **イ.** ジョブのスケジュール、実行を自動的に行える。
- ○ **ウ.** ネットワークの一元管理を実現する。
- ○ **エ.** 稼働情報を一元的に収集・管理し、各種レポートを表示する。
- ○ **オ.** 監査証跡（証跡記録）を収集・管理し、長期間にわたる保管を実現する。

◆◆◆ 問題16

ネットワークノードマネージャ（JP1/Network Node Manager i、JP1/Network Node Manager i Advanced）において、適切なものはどれか。

- ○ **ア.** ノードの検出とトポロジマップの作成
- ○ **イ.** システムを業務視点でグループ化する監視ツリー
- ○ **ウ.** サービスの状態をリアルタイム監視
- ○ **エ.** 無許可接続PCの自動排除
- ○ **オ.** スマートフォンやUSBメモリなどのデバイス制御

235

第5章　模擬試験

◆◆◆ 解説15　　　　　　　　　　　　　　　　　　解答　オ

　監査証跡管理（JP1/Audit Management）は、内部統制が機能していることを証明するために、必要とされる監査証跡（証跡記録）を収集・管理し、長期間にわたる保管を実現する。

　【ア】：IT資産・配布（JP1/IT Desktop Management 2）の説明である。

　【イ】：ジョブスケジューラ（JP1/Automatic Job Management System 3）の説明である。

　【ウ】：ネットワークノードマネージャ（JP1/Network Node Manager i、JP1/Network Node Manager i Advanced）の説明である。

　【エ】：稼働性能管理（JP1/Performance Management）の説明である。

◆◆◆ 解説16　　　　　　　　　　　　　　　　　　解答　ア

　ネットワークノードマネージャ（JP1/Network Node Manager i、JP1/Network Node Manager i Advanced）は、監視対象ノードを自動的に検出し、各機器の稼働・接続状況を管理できるトポロジマップを自動生成する。

　【イ】：統合管理（JP1/Integrated Management）の機能説明である。システム上に分散する業務、サーバ、プロセス、リソースなどをグループ化して監視できる。

　【ウ】：サービスレベル管理（JP1/Service Level Management）の機能説明である。サービス利用者視点によるサービスの性能（平均応答時間、スループット、エラー率）をサービスの評価指標（SLO）に基づいて監視できる。

　【エ】：IT資産・配布（JP1/IT Desktop Management 2）の機能説明である。正規の利用者に影響を与えずに、無許可接続したPCだけをネットワークから排除できる。排除とは、論理的にネットワークから切り離すことを指す。

　【オ】情報漏えい防止（JP1/秘文）の機能説明である。スマートフォン、USBメモリなど、さまざまなデバイスを利用したデータのやりとりを制限できる。

236

第1回　模擬試験

◆◆◆ 問題17

ネットワーク管理において、適切な機能または製品はどれか。

○　**ア．** エージェントレスによるリソース監視

○　**イ．** 仮想化環境の構成管理

○　**ウ．** クイックガイド

○　**エ．** メッセージ変換機能

○　**オ．** インシデントの状態ごとに自動アクションの設定

◆◆◆ 問題18

情報漏えい防止（JP1/秘文）の説明として適切なものはどれか。

○　**ア．** PCや記録メディア、ファイルサーバのデータを暗号化できる。

○　**イ．** 監査証跡（証跡記録）を収集・管理し、長期間にわたる保管を実現する。

○　**ウ．** セキュリティ対策状況を把握できる。

○　**エ．** ソフトウェアのライセンスを適正に運用管理できる。

○　**オ．** 無許可接続クライアントPCを自動的に排除できる。

237

第5章　模擬試験

◆◆◆ **解説17**　　　　　　　　　　　　　　　　　　　　　| 解答 | オ |

　インシデントは、障害の発生から解決までをライフサイクル状態（登録済み・進行中・完了・解決済み）で管理することができ、インシデントの状態ごとに自動アクションの設定ができる。

　【ア】：稼働性能管理（JP1/Performance Management）のエージェントレス監視の説明である。

　【イ】：統合コンソール（JP1/Integrated Management）の監視ツリー画面から、仮想化構成の把握が可能である。

　【ウ】：稼働性能管理（JP1/Performance Management）の機能であり、エージェント階層から、レポート作成／表示、アラーム作成が可能である。

　【エ】：メッセージ変換機能（JP1/Imtegrated Management）は、統合コンソール（JP1/Integrated Management）に表示するメッセージのフォーマットを変換したり、シーンに合わせた表示になるようにテキストを変換したりする製品である。

◆◆◆ **解説18**　　　　　　　　　　　　　　　　　　　　　| 解答 | ア |

　JP1/秘文は、PCや記録メディア、ファイルサーバのデータを暗号化できる。

　【イ】：監査証跡管理（JP1/Audit Management）の説明である。

　【ウ】、【エ】、【オ】：IT資産・配布管理（JP1/IT Desktop Management 2）の説明である。

238

第1回　模擬試験

◆◆◆ 問題19

　バックアップ管理（マルチプラットフォーム環境向け）（JP1/VERITAS NetBackup）の説明において、空欄a、b、cの組み合わせとして適切なものはどれか。

複数の【　a　】のバックアップジョブも、【　b　】で集中的に制御・管理できる。さらに、【　a　】は【　c　】の増設に応じて拡張できるため、将来的なシステム拡張に柔軟に対応できる。

- ○　**ア.** a：メディアサーバ、b：マスタサーバ、c：クライアント
- ○　**イ.** a：メディアサーバ、b：クライアント、c：マスタサーバ
- ○　**ウ.** a：クライアント、b：メディアサーバ、c：マスタサーバ
- ○　**エ.** a：クライアント、b：マスタサーバ、c：メディアサーバ
- ○　**オ.** a：マスタサーバ、b：メディアサーバ、c：クライアント

◆◆◆ 問題20

IT運用分析（JP1/Operations Analytics）に関する説明として適切なものはどれか。

- ○　**ア.** ジョブの定義から実行指示、監視、実績管理ができる。
- ○　**イ.** 運用手順書に基づく人手による複雑なオペレーションを自動化できる。
- ○　**ウ.** さまざまなIT資産を手間やコストをかけずに適切に管理できる。
- ○　**エ.** システムで発生したさまざまな事象をJP1イベントとして一元管理できる。
- ○　**オ.** 仮想環境やクラウドを利用して集約されたIT基盤に障害が発生したとき、多角的な調査・分析ができる。

239

第5章 模擬試験

◆◆◆ 解説19 解答 | ア

バックアップ管理（マルチプラットフォーム環境向け）（JP1/VERITAS NetBackup）はクライアント、メディアサーバ、マスタサーバの3階層アーキテクチャにより集中管理が可能である。

◆◆◆ 解説20 解答 | オ

IT運用分析（JP1/Operations Analytics）は、仮想環境やクラウドを利用して集約されたIT基盤に障害が発生したとき、多角的な調査・分析ができる。

【ア】：ジョブスケジューラ（JP1/Automatic Job Management System 3）の説明である。

【イ】：運用自動化（JP1/Automatic Operation）の説明である。

【ウ】：IT資産・配布管理（JP1/IT Desktop Management 2）の説明である。

【エ】：統合コンソール（JP1/Integrated Management）の説明である。

第5章 模擬試験

【模擬試験の使い方】

- ここでは、各章末の練習問題の復習と全体の理解度を測るため、各章に関係なくランダムに出題している。
- 学習効果を確認し、間違えた問題は解答を確認するだけではなく、該当の章を再度復習すること。
- 全問正解になるまで繰り返し学習すること。
- 解答群の選択肢の数は実際の試験と異なる場合がある。

第2回　模擬試験

◆◆◆ 問題 1

メッセージ変換機能（JP1/Integrated Management）の機能説明として適切なものはどれか。

- ○　**ア.** 統合コンソールに表示するメッセージを、シーンに合わせた表示になるようにテキストを変換する。
- ○　**イ.** 運用手順書に基づく人手による複雑なオペレーションを自動化できる。
- ○　**ウ.** パトロールランプやPC画面でエラーを通知する。
- ○　**エ.** システム全体で発生した事象を表示することで、システムを集中監視できる。
- ○　**オ.** サービスサポートの各プロセス（インシデント管理、問題管理、変更管理、リリース管理）を一元管理できる。

◆◆◆ 問題 2

統合コンソール（JP1/Integrated Management）の機能の説明として、空欄aに入る適切なものはどれか。

【　a　】監視画面は、業務構成図や地図など、任意の画像上に監視オブジェクトを配置した画面である。これにより、監視ターゲットが直感的に監視できる。

- ○　**ア.** ガイド
- ○　**イ.** アクション
- ○　**ウ.** ビジュアル
- ○　**エ.** スケジュール
- ○　**オ.** フィルタ

243

第5章　模擬試験

◆◆◆　**解説1**　　　　　　　　　　　　　　　　　　解答　ア

　メッセージ変換機能（JP1/Integrated Management）は、統合コンソールに表示するメッセージを「見やすく」「わかりやすく」することで、重要メッセージの見逃しを防止することができる。

【イ】：IT運用自動化の運用自動化（JP1/Automatic Operation）の説明である。

【ウ】：統合管理の通報管理（JP1/TELstaff）の説明である。

【エ】：統合管理の統合コンソール（JP1/Integrated Management）の説明である。

【オ】：ITサービス管理のITプロセス管理（JP1/Service Support）の説明である。

◆◆◆　**解説2**　　　　　　　　　　　　　　　　　　解答　ウ

　統合管理の統合コンソール（JP1/Integrated Management）は、業務構成図や地図など、任意の画像上に監視オブジェクト（アイコン）を配置したビジュアル監視画面で、監視ターゲットを直感的に監視できる。さらに、ビジュアル監視画面のアイコンから、監視ツリー画面が連動して表示されるため、障害が発生した場合、アイコンをたどるだけで障害原因を特定できる。

　このビジュアル監視画面と監視ツリー画面の連動により、監視対象が膨大でツリーが複雑になってしまうシステムも効率的に監視できる。

第2回　模擬試験

◆◆◆ 問題3

通報管理（JP1/TELstaff）の機能の説明として適切なものはどれか。

- ○　**ア.** 運用作業の手順をフローチャートとガイド（解説）で可視化し、「どこから、どの順番で、何をすればよいか」をナビゲートできる。

- ○　**イ.** 電話からのイベントでジョブをスケジュールする。

- ○　**ウ.** 業務運用の中で発生した問題となる事象をパトロールランプを使って通報し、オペレータに対し確実に通知できる。

- ○　**エ.** 統合コンソールに表示するメッセージを、シーンに合わせた表示になるようにテキストを変換する。

- ○　**オ.** システム全体をJP1イベントにより集中監視できる。

◆◆◆ 問題4

稼働性能管理（JP1/Performance Management）のシステム情報サマリ監視画面の説明として適切なものはどれか。

- ○　**ア.** 複数のレポートを並べて表示することで、効果的な障害要因の分析やキャパシティプランニングに役立つ。

- ○　**イ.** あらかじめブックマークに登録した複数のレポートを並べて表示できる。

- ○　**ウ.** レコードやフィールドと説明文が表示されるので、見たい監視項目をワンクリックで表示でき、簡単に操作できる。

- ○　**エ.** システム全体のサーバやエージェントの稼働状況、エージェントの監視状況などを部署やシステムごとにフォルダ分けしてビジュアルに表示する。

- ○　**オ.** 豊富な監視項目の一覧から操作したいフィールドやアイコンを選んでクリックするだけで監視の設定やリアルタイムレポート、履歴レポートを表示できる。

245

第5章　模擬試験

◆◆◆　**解説3**　　　　　　　　　　　　　　　　解答　ウ

　通報管理（JP1/TELstaff）は、パトロールランプ、電子メールなどを使用することで、障害や問題点をリアルタイムに自動通報することができる。
　【ア】：IT運用自動化の運用ナビゲーション（JP1/Navigation Platform）の説明である。
　【イ】：このような直接電話からのイベントでジョブをスケジューリングできる製品は存在しない。
　【エ】：統合コンソール（JP1/Integrated Management）の表示メッセージ変換機能の説明である。
　【オ】：統合管理の統合コンソール（JP1/Integrated Management）の説明である。

◆◆◆　**解説4**　　　　　　　　　　　　　　　　解答　エ

　稼働性能管理（JP1/Performance Management）のシステム情報サマリ監視画面は、システム全体のサーバやエージェントの稼働状況、エージェントの監視状況などを部署やシステムごとにフォルダ分けしてビジュアルに表示する。システム全体の稼働状況を直感的に把握できるので、サーバ稼働監視の基本画面として利用できる。
　【ア】、【イ】：レポートのタイリング表示の説明である。
　【ウ】、【オ】：クイックガイドの説明である。

246

第2回　模擬試験

◆◆◆ 問題5

稼働性能管理（JP1/Performance Management）の機能として間違っているものはどれか。

- ○ **ア.** OSの稼働情報だけではなく、データベース、Webアプリケーションサーバ、仮想環境などの稼働情報も監視できる。
- ○ **イ.** プロセスの状態、監視エージェントのサービスの状態を監視できる。
- ○ **ウ.** あらかじめブックマークに登録しておいた複数のレポートを並べて表示できる。
- ○ **エ.** 業界標準プロトコルのSNMPを採用し、各種サーバ製品・ネットワーク機器の稼働情報をリアルタイムに監視できる。
- ○ **オ.** 監視対象サーバに監視エージェントをインストールせずに、監視マネージャからネットワークを介してリモート監視できる。

◆◆◆ 問題6

稼働性能管理（JP1/Performance Management）のシステム構成に関して、間違っているものはどれか。

- ○ **ア.** 監視ビューアはWebブラウザを使用する。
- ○ **イ.** 監視対象サーバの特性や運用方針により、エージェント監視、エージェントレス監視の2つの方式で監視できる。
- ○ **ウ.** アクションとして、SNMPトラップを発行するように設定することで、ネットワークノードマネージャ（JP1/Network Node Manager i、JP1/Network Node Manager i Advanced）から監視できる。
- ○ **エ.** アクションとして、JP1イベントを発行するように設定することで、統合コンソール（JP1/Integrated Management）のイベントコンソール画面で、稼働性能管理のアラームイベントを監視できる。
- ○ **オ.** 監視対象サーバには監視エージェントを必ずインストールする必要がある。

247

第5章　模擬試験

◆◆◆ 解説5

解答 | エ

【ア】、【イ】、【ウ】、【オ】：稼働性能管理（JP1/Performance Management）の機能の説明である。

【エ】：ネットワーク管理のシステムリソース/プロセスリソース管理（JP1/SNMP System Observer）の機能の説明である。

◆◆◆ 解説6

解答 | オ

稼働性能管理（JP1/Performance Management）では、監視対象サーバの特性や運用方針により、エージェント監視（エージェントをインストールする監視）とエージェントレス監視（エージェントをインストールしない監視）の2種類の方法を選択し監視できる。2種類の監視方法を組み合わせることにより、さまざまなシステム要件に柔軟に対応できる。

第2回　模擬試験

◆◆◆　問題7

サービスレベル管理（JP1/Service Level Management）の機能として誤っているものはどれか。

- ○　**ア.** サービス利用者視点によるサービスの性能（平均応答時間、スループット、エラー率）をサービスの評価指標（SLO）に基づいて監視できる。
- ○　**イ.** 放置しておくと障害に発展してしまう可能性があるサイレント障害を検知できる。
- ○　**ウ.** 管理者が実際のサービスにアクセスし、サービスのURIを自動検出できる。
- ○　**エ.** システム構成をエージェントレスで自動検出し、ジョブネット関連の構成を含め、サーバ、ネットワーク機器、ストレージ、アプリケーションの相互接続構成を確認できる。
- ○　**オ.** 稼働性能管理（JP1/Performance Management）と連携し、サービスに関連するシステムの性能（サーバや各種アプリケーションの稼働状況）も監視できる。

◆◆◆　問題8

JP1管理基盤（JP1/Base）の機能の説明として適切なものはどれか。

- ○　**ア.** プラットフォーム、データベースサーバ、グループウェアなど、幅広いサービスに対応した稼働情報の監視ができる。
- ○　**イ.** 障害が発生した際に、あらかじめ登録しておいた対処方法を表示できる。
- ○　**ウ.** システム内で発生したJP1イベントやJP1ユーザを管理する。
- ○　**エ.** 重要イベントに「対処済」「処理中」「保留」「未対処」の対処状況を設定できる。
- ○　**オ.** 昼間はパトロールランプを点灯し、夜間や休日は携帯電話に通知するなど、時間帯によって通知先を変更できる。

第5章　模擬試験

◆◆◆ 解説7　　　　　　　　　　　　　　　　解答　エ

【ア】、【イ】、【ウ】、【オ】：サービスレベル管理（JP1/Service Level Management）の説明である。

サービスレベル管理（JP1/Service Level Management）は、サイレント障害検知などのリアルタイム監視によって、安定したサービスを提供できているか監視・評価できる。

【エ】：ITサービス管理の構成管理（JP1/Universal CMDB）の説明である。

◆◆◆ 解説8　　　　　　　　　　　　　　　　解答　ウ

JP1管理基盤（JP1/Base）は、システム内のJP1イベントやJP1ユーザを管理したり、サービスの起動を制御するといったJP1の基盤機能を提供する。

【ア】：パフォーマンス管理の稼働性能管理（JP1/Performance Management）の説明である。

【イ】、【エ】：統合管理の統合コンソール（JP1/Integrated Management）の説明である。

【オ】：統合管理の通報管理（JP1/TELstaff）の説明である。

250

第2回　模擬試験

◆◆◆ 問題9

　スクリプト言語（JP1/Script）について、以下の文章を読み、空欄a、b、cの組み合わせとして適切なものはどれか。

if文、while文などの【　a　】、およびファイル操作、外部プログラム呼び出しなどジョブの実行に必要な【　b　】を提供する。
スクリプトの入力作業を簡略化できる【　c　】により、【　a　】や【　b　】の文法知識が十分でなくても、手軽に間違いなく入力ができる。

- ○　**ア.** a：コマンド、b：ステートメント、c：簡易入力機能
- ○　**イ.** a：簡易入力機能、b：エージェント管理機能、c：ステートメント
- ○　**ウ.** a：ステートメント、b：コマンド、c：エージェント管理機能
- ○　**エ.** a：ステートメント、b：コマンド、c：簡易入力機能
- ○　**オ.** a：コマンド、b：ステートメント、c：エージェント管理機能

◆◆◆ 問題10

電源管理（JP1/Power Monitor）に関する記述について適切なものはどれか。

- ○　**ア.** 無許可で接続したPCをネットワークから自動排除する。
- ○　**イ.** 他ホスト（サーバ）の電源の運用状態を自ホスト（サーバ）から確認できる。
- ○　**ウ.** 外部へのデータの持ち出しを制御する。
- ○　**エ.** 特定のJP1イベントの受信を契機に回復処理などのコマンドを自動実行できる。
- ○　**オ.** Windowsだけの小規模な環境でバックアップ運用ができる。

251

第5章　模擬試験

◆◆◆ 解説9　　　　　　　　　　　　　　　　　　解答　エ

　スクリプト言語（JP1/Script）はif文、while文などのステートメント、およびファイル操作、外部プログラム呼び出しなどジョブの実行に必要なコマンドを提供しており、スクリプト編集の負荷を軽減する機能として、簡易入力機能が用意されている。

　なお、エージェント管理機能はジョブスケジューラ（JP1/Automatic Job Management System 3）の機能である。

◆◆◆ 解説10　　　　　　　　　　　　　　　　　　解答　イ

　電源管理（JP1/Power Monitor）は自ホスト（サーバ）や離れた場所にある他ホスト（サーバ）を自動的に起動・終了する製品である。

　【ア】：IT資産・配布管理（JP1/IT Desktop Management 2）のネットワーク接続の制御の説明である。

　【ウ】：情報漏えい防止（JP1/秘文）の説明である。データの持ち出しを制御する製品である。

　【エ】：統合コンソール（JP1/Integrated Management）の自動アクション機能についての説明である。特定のJP1イベントの受信を契機に回復処理などのコマンドを実行できる。

　【オ】：バックアップ管理（Windows環境向け）（JP1/VERITAS Backup Exec）についての説明である。Windowsだけの小規模な環境でバックアップ運用を行うことができる。

252

第2回　模擬試験

◆◆ 問題11

　ジョブスケジューラ（JP1/Automatic Job Management System 3）で定義した既存のジョブネットやジョブの定義情報を表形式のテンプレートに出力して編集できる製品はどれか。

- ○　**ア.** ジョブ定義情報の一括収集・反映（JP1/Automatic Job Management System 3 - Definition Assistant）
- ○　**イ.** ファイル転送（JP1/File Transmission Server/FTP）
- ○　**ウ.** 運用情報印刷（JP1/Automatic Job Management System 3 - Print Option）
- ○　**エ.** スクリプト言語（JP1/Script）
- ○　**オ.** ERP連携（JP1/Automatic Job Management System 3 for Enterprise Applications）

◆◆ 問題12

情報漏えい防止（JP1/秘文）の機能として間違っているものはどれか。

- ○　**ア.** デバイス制御
- ○　**イ.** ネットワーク制御
- ○　**ウ.** 暗号化
- ○　**エ.** ファイルの閲覧停止
- ○　**オ.** インベントリ情報の自動収集

253

第5章　模擬試験

◆◆◆　解説11

解答　ア

　ジョブ定義情報の一括収集・反映（JP1/Automatic Job Management System 3 - Definition Assistant）では表形式のテンプレートで編集した大量の定義情報を、ジョブスケジューラ - マネージャに登録したり、ジョブスケジューラ - マネージャに登録されているジョブ定義情報をテンプレートに取得したりできる。

　【イ】：業務と連携した自動化機能や効率を向上させる機能を豊富に備えたファイル転送製品である。

　【ウ】：ジョブネットの定義情報、実行予定・結果情報などジョブ運用帳票を出力する製品である。

　【エ】：Windows上でジョブを制御するスクリプトを作成し、Windows上でプログラムを実行するための製品である。

　【オ】：ジョブの1つとして、SAP ERPジョブを定義できる製品である。ジョブスケジューラの持つ豊富なスケジュールや多彩な実行機能を活かし、ERPシステム全体をワンシステムイメージで効率良く運用できる。

◆◆◆　解説12

解答　オ

　インベントリ情報の自動収集はIT資産・配布管理（JP1/IT Desktop Management 2）の機能である。

　【ア】：スマートフォン、USBメモリなど、さまざまなデバイスを利用したデータのやりとりを制限できる。

　【イ】：管理者が許可していないアクセスポイントを利用したインターネット接続を禁止できる。

　【ウ】：ドライブ暗号化、メディア暗号化、ファイルサーバ暗号化ができる。

　【エ】：参照以外の操作を禁止した暗号化ファイルを作成し、不正な二次利用を防止できる。

254

第2回　模擬試験

◆◆◆ 問題 13

次の説明に該当するジョブ管理の製品はどれか。

UNIXで広く使われているシェル（Kornシェル）をベースに機能を拡張し、クロスプラットフォーム上で効率の良いバッチジョブの開発・運用を支援する製品である。

- ○　**ア.** ジョブ定義情報の一括収集・反映（JP1/Automatic Job Management System 3 - Definition Assistant）
- ○　**イ.** スクリプト言語（JP1/Script）
- ○　**ウ.** 運用情報印刷（JP1/Automatic Job Management System 3 - Print Option）
- ○　**エ.** 高速大容量ファイル転送（JP1/Data Highway -Server）
- ○　**オ.** スクリプト言語（JP1/Advanced Shell）

◆◆◆ 問題 14

IT資産・配布管理（JP1/IT Desktop Management 2）の機能で、セキュリティポリシーに沿ったセキュリティ対策により、管理できるものとして、適切なものはどれか。

- ○　**ア.** ソフトウェアのライセンス管理
- ○　**イ.** ソフトウェアのインストール状況の確認
- ○　**ウ.** 証跡記録の収集
- ○　**エ.** リモート操作
- ○　**オ.** ソフトウェアの配布・インストール

第5章　模擬試験

◆◆◆　解説13　　　　　　　　　　　　　解答　オ

　JP1/Advanced Shellは、UNIXで広く使われているシェル（Kornシェル）をベースに機能を拡張し、クロスプラットフォーム上で効率の良いバッチジョブの開発・運用を支援する。たとえば、バッチ業務で繰り返し使用される処理を自動化したり、簡潔に記述できるので、構築のスピードアップと開発コストの削減が可能である。また、統合コンソール（JP1/Integrated Management）を介したユーザとの対話型処理をシェルスクリプトの中に挿入できるため、バッチ業務の途中でユーザが後続処理を選択できる。

　【ア】：ジョブの定義をMicrosoft Excelファイルを介して一括定義することができる製品である。

　【イ】：Windows上でジョブを制御するスクリプトを作成し、Windows上でプログラムを実行するための製品であり、if文、while文などのステートメント、およびファイル操作、外部プログラム呼び出しなどジョブの実行に必要なコマンドを提供する。

　【ウ】：ジョブネットの定義情報、実行予定などジョブ運用帳票を出力できる製品である。

　【エ】：遠隔地との大容量データのやりとりに適したデータ転送製品である。

◆◆◆　解説14　　　　　　　　　　　　　解答　イ

　セキュリティポリシーに沿ったセキュリティ対策では、「更新プログラムは最新か」「ウィルス対策製品のバージョンは適切か」や、ソフトウェアのインストール状況により、使用禁止ソフトウェアがインストールされていないかなどを判定できる。

　【ア】：ソフトウェアのライセンス管理では、ソフトウェアライセンスの保有数と実際のライセンス消費数、割り当て済みPCとインストール済みPCを把握できる。

　【ウ】：証跡記録の収集は、監査証跡管理（JP1/Audit Management）の機能で、企業内に分散している業務サーバが出力する証跡記録を収集し、一元管理する。

　【エ】：リモート操作は離れた場所にあるPCやサーバを遠隔操作できる。

　【オ】：ソフトウェア配布とは、ネットワークを介して、ソフトウェアをPCに配布・インストールする機能である。

第2回　模擬試験

◆◆◆ 問題 15

監査証跡管理（JP1/Audit Management）の機能として適切なものはどれか。

- ○ **ア.** 内部統制の一元管理
- ○ **イ.** インベントリ情報の自動収集
- ○ **ウ.** 証跡記録の収集、バックアップ/保管履歴の管理
- ○ **エ.** エージェント画面の操作
- ○ **オ.** 共有ファイルへのアクセス制御

◆◆◆ 問題 16

HTTPS通信を用いたデータ転送を行う製品で、CADデータや画像データなどの大容量データ通信に適した製品として適切なものはどれか。

- ○ **ア.** スクリプト言語（JP1/Advanced Shell）
- ○ **イ.** ジョブ定義情報の一括収集・反映（JP1/Automatic Job Management System 3 - Definition Assistant）
- ○ **ウ.** 運用情報印刷（JP1/Automatic Job Management System 3 - Print Option）
- ○ **エ.** 高速大容量ファイル転送（JP1/Data Highway）
- ○ **オ.** ERP連携（JP1/Automatic Job Management System 3 for Enterprise Applications）

第5章　模擬試験

◆◆◆ **解説15**　　　　　　　　　　　　　　　　　　　　　解答｜ウ

　監査証跡管理（JP1/Audit Management）は、内部統制が機能していることを証明するために、必要とされる監査証跡（証跡記録）を収集・管理し、保管を実現する。

　【ア】：そのような機能は存在しない。

　【イ】：インベントリ情報管理の自動収集は、IT資産・配布管理（JP1/IT Desktop Management 2）の機能である。

　【エ】：リモート操作はIT資産・配布管理（JP1/IT Desktop Management 2）の機能である。

　【オ】：情報漏えい防止（JP1/秘文）の機能である。

◆◆◆ **解説16**　　　　　　　　　　　　　　　　　　　　　解答｜エ

　高速大容量ファイル転送（JP1/Data Highway）は、HTTPSによる多重通信を行うため、分割することなく、大容量のデータを高速に伝送できる製品である。さらに、「いつ」「誰が」「誰に」「何を」送受信したかを通信記録として保存できる。

　【ア】：UNIXで広く使われているシェル（Kornシェル）をベースに機能を拡張し、実行されたシェルスクリプト内のプログラムやコマンドの稼働実績情報（実行経過時間、CPU時間など）を取得できる。

　【イ】：ジョブの定義をMicrosoft Excelファイルを介して一括定義することができる製品である。

　【ウ】：ジョブネットの定義情報、実行予定などジョブ運用帳票を出力できる製品である。

　【オ】：ジョブの1つとして、SAP ERPジョブを定義できる製品である。ジョブスケジューラの持つ豊富なスケジュールや多彩な実行機能を活かし、ERPシステム全体をワンシステムイメージで効率良く運用できる。

第2回　模擬試験

◆◆◆ 問題 17

　次のコンセプトカテゴリーや製品カテゴリーの説明で、空欄a、bに当てはまる語句の組み合わせとして、適切なものはどれか。

製品カテゴリーの1つ【　a　】は、ソフトウェアやハードウェアなどのIT資産情報やセキュリティ対策状況を把握し一元管理することで、IT資産を有効活用でき、PCや業務サーバの操作ログ（証跡記録）の取得などにより、コンプライアンスを徹底することができる。また、【　a　】は【　b　】を構成する製品カテゴリーである。

- ○　**ア.** a：統合管理、b：コンプライアンス
- ○　**イ.** a：統合管理、b：モニタリング
- ○　**ウ.** a：ネットワーク管理、b：オートメーション
- ○　**エ.** a：資産・配布管理、b：コンプライアンス
- ○　**オ.** a：ジョブ管理、b：モニタリング

◆◆◆ 問題 18

　以下のネットワーク管理機能を持つ製品として、適切なものはどれか。

SNMPをサポートする各種サーバ（エージェント）の性能情報（CPU利用率、メモリ使用率など）、統計情報（回線利用率、インタフェーストラックなど）、稼働情報（稼働プロセス数や各種サマリ情報など）をリアルタイムに監視できる。

- ○　**ア.** 運用自動化（JP1/Automatic Operation）
- ○　**イ.** バックアップ管理（JP1/VERITAS）
- ○　**ウ.** システムリソース/プロセスリソース管理（JP1/SNMP System Observer）
- ○　**エ.** 機器管理（JP1/Network Element Manager）
- ○　**オ.** ITプロセス管理（JP1/Service Support）

第5章　模擬試験

◆◆◆　解説17　　　　　　　　　　　　　　　解答　エ

　資産・配布管理はコンプライアンスを構成する製品カテゴリーの1つであり、ソフトウェアやハードウェアなどのIT資産情報やセキュリティ対策状況を把握し一元管理することで、IT資産を有効活用できる。

　【ア】、【イ】：統合管理はモニタリングを構成する製品カテゴリーの1つであり、監視対象から収集した管理情報を1台のコンソール画面に表示し、企業情報システム全体の稼働状況をリアルタイムに監視する。

　【ウ】：ネットワーク管理はモニタリングを構成する製品カテゴリーの1つであり、業界標準プロトコルであるSNMPを採用し、ファイアウォールやNATを介したネットワークも含め、ネットワークの一元管理を実現する。

　【オ】：ジョブ管理はオートメーションを構成する製品カテゴリーの1つであり、業務実行のスケジューリングなど、業務の自動化に必要な機能を提供する。

◆◆◆　解説18　　　　　　　　　　　　　　　解答　ウ

　システムリソース／プロセスリソース管理オプション（JP1/SNMP System Observer）は、CPU利用率やメモリ使用率などのシステムリソースや、プロセスの生死などのプロセスリソースを監視する製品である。

　【ア】：運用自動化（JP1/Automatic Operation）は、運用手順書に基づく人手による複雑なオペレーションを自動化し、オペレータが簡単に操作できる。

　【イ】：バックアップ管理（JP1/VERITAS）は、Windowsサーバ1台の小規模システムから、マルチプラットフォーム環境の大規模システムまでのバックアップ／リカバリを実現する。

　【エ】：機器管理（JP1/Network Element Manager）は、ネットワーク機器の稼働状況をリアルなパネル画面で監視する製品である。

　【オ】：ITサービス管理のITプロセス管理（JP1/Service Support）は、利用者からの問い合わせや要求、システムで発生した事象（システム障害など）をインシデントとして登録し、作業記録を一元管理できる。

260

第2回　模擬試験

◆◆◆　問題19

　バックアップ管理（マルチプラットフォーム環境向け）（JP1/VERITAS NetBackup）において、以下の説明として適切なものはどれか。

複数メディアサーバのジョブも、マスタサーバで集中的に制御・管理できる。さらに、メディアサーバはクライアントの増設に応じて拡張できるため、将来的なシステム拡張に柔軟に対応できる。

- ○　**ア.** 3階層アーキテクチャ
- ○　**イ.** UPS
- ○　**ウ.** ビジュアル監視画面
- ○　**エ.** ガイド機能
- ○　**オ.** ファイル監視ジョブ

◆◆◆　問題20

IT運用分析（JP1/Operations Analytics）の機能の説明として、間違っているものはどれか。

- ○　**ア.** 仮想環境やクラウドの利用によって変化するIT基盤の構成を自動的に収集して表示する。
- ○　**イ.** IT基盤からの視点だけではなく、業務システムからの視点で顕在化している障害をひと目で把握できる。
- ○　**ウ.** 障害発生箇所と関連がある情報だけを画面に表示するため、業務システムへの影響範囲の確認と関係者への一報を迅速化できる。
- ○　**エ.** 運用熟練者のノウハウや分析手順を元に設計された多角的な分析機能により、必要な情報だけを整理して画面に表示するため、熟練者でなくても障害分析を容易に行える。
- ○　**オ.** サービス利用者視点によるサービスの性能をサービスの評価指標（SLO）に基づいて監視する。

261

第5章　模擬試験

◆◆◆ 解説19　　　　　　　　　　　　　解答　ア

　バックアップ管理（マルチプラットフォーム環境向け）（JP1/VERITAS NetBackup）は、論理的な3階層アーキテクチャでバックアップ/リストアを集中管理する。

　【イ】：無停電電源装置である。停電などによる電源供給の停止が発生した際に内蔵したバッテリから接続されたサーバへ電力の供給を行う装置である。JP1の電源管理と連携できる。

　【ウ】：統合コンソール（JP1/Integrated Management）の機能である。業務構成図や地図など、任意の画像上に監視オブジェクトを配置した画面である。これにより、監視ターゲットが直感的に監視できる。

　【エ】：統合コンソール（JP1/Integrated Management）の機能で、あらかじめ登録した対処手順やエラーの要因などを表示する。

【オ】：ジョブスケジューラ（JP1/Automatic Job Management System 3）で、ファイルの更新を契機に処理を実行するジョブである。

◆◆◆ 解説20　　　　　　　　　　　　　解答　オ

　【ア】、【イ】、【ウ】、【エ】はIT運用分析（JP1/Operations Analytics）の機能説明である。

　【オ】はサービスレベル管理（JP1/Service Level Management）の機能説明であり、業務システムのリソース、プロセスなどの監視だけでは判断できないサービス利用者視点によるサービスの性能（平均応答時間、スループット、エラー率）をサービスの評価指標（SLO）に基づいて監視できる。

262

第5章　模擬試験

第3回　模擬試験

【模擬試験の使い方】

- ここでは、各章末の練習問題の復習と全体の理解度を測るため、各章に関係なくランダムに出題している。
- 学習効果を確認し、間違えた問題は解答を確認するだけではなく、該当の章を再度復習すること。
- 全問正解になるまで繰り返し学習すること。
- 解答群の選択肢の数は実際の試験と異なる場合がある。

第3回　模擬試験

◆◆◆ 問題1

以下に示す製品とカテゴリーの組み合わせのうち、適切なものはどれか。

- ○　**ア.** パフォーマンス管理は、コンプライアンスに対応する製品である。
- ○　**イ.** ジョブ管理は、コンプライアンスに対応する製品である。
- ○　**ウ.** 統合管理は、モニタリングに対応する製品である。
- ○　**エ.** ITサービス管理は、オートメーションに対応する製品である。
- ○　**オ.** セキュリティ管理は、モニタリングに対応する製品である。

◆◆◆ 問題2

統合コンソール（JP1/Integrated Management）の機能として間違っているものはどれか。

- ○　**ア.** JP1イベントの受信を契機として、コマンドを自動実行できる。
- ○　**イ.** 重要イベントフィルタ、ユーザフィルタ、表示フィルタ、転送フィルタ、イベント取得フィルタ、滞留フィルタでJP1イベントをフィルタリングできる。
- ○　**ウ.** イベントコンソール画面から、受信したイベントに関連する連携製品の管理画面を呼び出せる。
- ○　**エ.** イベント発生日時、発行元、イベントの識別子、重大度、対処状況など、さまざまな条件でイベントを検索し、表示できる。
- ○　**オ.** 統合機能メニューから、システム管理に必要な連携製品の画面を簡単に呼び出せる。

5
模
3

265

第5章　模擬試験

◆◆◆ 解説1　　　　　　　　　　　　　　　解答　ウ

統合管理は、モニタリングに対応する製品である。

【ア】：パフォーマンス管理は、モニタリングに対応する製品である。

【イ】：ジョブ管理は、オートメーションに対応する製品である。

【エ】：ITサービス管理は、モニタリングに対応する製品である。

【オ】：セキュリティ管理は、コンプライアンスに対応する製品である。

◆◆◆ 解説2　　　　　　　　　　　　　　　解答　イ

統合コンソール（JP1/Integrated Management）は、重要イベントフィルタ、ユーザフィルタ、表示フィルタ、転送フィルタ、イベント取得フィルタの5種類のフィルタ機能を提供している。これらのフィルタを利用することで、マネージャに転送するイベントを限定したり、ユーザごとに監視できるJP1イベントを制限するなど、柔軟に運用でき、管理者の運用負担も軽減できる。

266

第3回　模擬試験

◆◆◆ 問題3

　統合管理について、以下の文章の空欄a、bに当てはまる語句の組み合わせとして、適切なものはどれか。

【　a　】は、システム全体のリソースや業務（サービス）など、システムで発生した事象を効率良く【　b　】する製品である。

- ○　**ア.** a：統合コンソール、b：分析
- ○　**イ.** a：JP1管理基盤、b：一元管理
- ○　**ウ.** a：統合コンソール、b：一元管理
- ○　**エ.** a：JP1管理基盤、b：ユーザ管理
- ○　**オ.** a：JP1管理基盤、b：分析

◆◆◆ 問題4

　次のサービスレベル管理の概要で、空欄a、bに当てはまる語句の組み合わせとして、適切なものはどれか。

サービスレベル管理は、モニタリングを構成する製品であり、安定した【　a　】を提供できているかどうかを判断するための監視・評価機能がある。
また、サービスレベルの定期的評価に加え、日々の問題を未然に防ぐ【　b　】などのリアルタイム監視ができる。

- ○　**ア.** a：サービス、b：サイレント障害検知
- ○　**イ.** a：サーバ運用、b：サイレント障害検知
- ○　**ウ.** a：ジョブ運用、b：稼働監視
- ○　**エ.** a：サービス、b：しきい値監視
- ○　**オ.** a：IT運用、b：サイレント障害検知

267

第5章　模擬試験

◆◆◆ 解説3   解答 ウ

　統合管理の統合コンソール（JP1/Integrated Management）は、各種プラット
フォーム上の業務、ネットワーク、サーバ、アプリケーション、サービスなど、シス
テムで発生した事象を効率良く一元管理する製品である。

　【イ】、【エ】、【オ】：JP1管理基盤（JP1/Base）は、監視対象サーバでエージェン
トとして稼働し、JP1イベントやJP1ユーザの管理など、JP1の基盤機能を提供する
製品である。

◆◆◆ 解説4   解答 ア

　サービスレベル管理は、サービスレベルの定期的評価に加え、日々の問題を未然
に防ぐサイレント障害検知などのリアルタイム監視によって、安定したサービスを
提供できているかどうかを監視、評価できる。

第3回　模擬試験

◆◆◆ 問題5

統合コンソール（JP1/Integrated Management）の機能の説明として、空欄aに入る適切なものはどれか。

統合コンソールは、システムで発生した「業務の実行エラー」「システムリソース不足」などの管理が必要な事象を【　a　】として一元管理する。

- ○ **ア.** インシデント
- ○ **イ.** SNMPトラップ
- ○ **ウ.** メッセージ
- ○ **エ.** JP1イベント
- ○ **オ.** ログ情報

◆◆◆ 問題6

運用ナビゲーション（JP1/Navigation Platform）の機能の説明として適切なものはどれか。

- ○ **ア.** 運用手順をフローチャートとガイダンス（解説）で可視化し、「どこから、どの順番で、何をすればいいのか」をナビゲートできる。
- ○ **イ.** ジョブのスケジューリングにより、業務を自動化する。
- ○ **ウ.** ITILサービスサポートに基づいたIT運用プロセスの統制を実現する。
- ○ **エ.** 統合コンソールに表示するメッセージを任意のフォーマットに統一できる。
- ○ **オ.** ログファイル上のメッセージ、WindowsイベントログやUNIXおよびLinuxのsyslogを、JP1イベントに変換できる。

269

第5章　模擬試験

◆◆◆ 解説5　　　　　　　　　　　　　　解答　エ

　統合管理の統合コンソール（JP1/Integrated Management）は、各種プラットフォーム上の業務、ネットワーク、サーバ、アプリケーション、仮想環境など、システム内で発生するさまざまな事象をJP1イベントとして一元管理できる。

◆◆◆ 解説6　　　　　　　　　　　　　　解答　ア

　IT運用自動化の運用ナビゲーション（JP1/Navigation Platform）は、熟練担当者や運用管理者が持つスキルや個人がそれぞれの経験から獲得したノウハウを、フローチャートとガイダンス（解説）で可視化し、「どこから、どの順番で、何をすればいいのか」をナビゲートできる。
　【イ】：ジョブスケジューラ（JP1/Automatic Job Management System 3）の説明である。
　【ウ】：ITサービス管理のITプロセス管理（JP1/Service Support）の説明である。
　【エ】：統合管理のメッセージ変換機能（JP1/Integrated Management）の説明である。
　【オ】：JP1管理基盤（JP1/Base）の説明である。

第3回　模擬試験

◆◆◆ 問題7

稼働性能管理（JP1/Performance Management）の機能の説明として適切なものはどれか。

- ○ **ア.** 稼働情報の収集タイミングは設定できないが、必要なデータだけを収集・蓄積することができるため、サーバに余分な負荷をかけずに効率良く管理できる。
- ○ **イ.** 監視テンプレートは、監視対象プログラムでよく利用される監視項目をあらかじめ定義したテンプレートとして提供され、ユーザがカスタマイズすることはできない。
- ○ **ウ.** 仮想環境システムにおける仮想マシンごとの稼働情報は監視できない。
- ○ **エ.** 警告値や危険域に達した事象をJP1イベントとして統合コンソール（JP1/Integrated Management）にアラートを上げることで、総合的なモニタリングを実現する。
- ○ **オ.** 稼働性能管理のレポートには、過去から現在までの稼働履歴を示すリアルタイムレポートがある。

◆◆◆ 問題8

製品カテゴリーとコンセプトカテゴリーの組み合わせに関する説明として適切なものはどれか。

- ○ **ア.** パフォーマンス管理は、オートメーションに対応する製品である。
- ○ **イ.** ジョブ管理は、オートメーションに対応する製品である。
- ○ **ウ.** 資産・配布管理は、モニタリングに対応する製品である。
- ○ **エ.** 統合管理は、オートメーションに対応する製品である。
- ○ **オ.** ネットワーク管理は、コンプライアンスに対応する製品である。

第5章　模擬試験

◆◆◆ 解説7

解答 エ

　稼働性能管理（JP1/Performance Management）は、稼働情報を一元的に収集・管理し、各種レポートを表示する。また、警告値や危険域に達した場合はアラートを画面に表示したり、JP1イベントを統合コンソールに上げたりすることもできる。

　【ア】：パフォーマンス管理の稼働性能管理は、稼働情報の収集項目、タイミングなど詳細な設定ができる。

　【イ】：監視テンプレートは、システムの環境に合わせてユーザが自由にカスタマイズできる。

　【ウ】：仮想マシンごとだけでなく、物理サーバも含めたシステム全体の稼働監視ができる。

　【オ】：リアルタイムレポートは、システムの状態や問題点を確認するために、現在の稼働状況を示す。

◆◆◆ 解説8

解答 イ

　ジョブ管理はオートメーションに対応する製品であり、業務運用を自動化することができる。

　【ア】：パフォーマンス管理は、モニタリングに対応する製品である。

　【ウ】：資産・配布管理は、コンプライアンスに対応する製品である。

　【エ】：統合管理は、モニタリングに対応する製品であり、システム全体のリソースや業務の稼働状況を集中管理する。

　【オ】：ネットワーク管理はモニタリングに対応する製品である。

272

第3回　模擬試験

◆◆◆　問題9

運用自動化（JP1/Automatic Operation）の説明として適切なものはどれか。

- ○　**ア.** 障害が発生した際にあらかじめ登録しておいた対処方法（ガイド情報）を表示できる。
- ○　**イ.** 特定のJP1イベントの発生を契機に回復処理や管理者へのメール送信を自動化する。
- ○　**ウ.** 運用手順書を元に手動で実行していた複雑なオペレーションをコンテンツを利用して自動化する。
- ○　**エ.** 業務の流れと操作手順をフローチャート形式で表示し、オペレーションをナビゲートする。
- ○　**オ.** 遠隔地にあるサーバの電源の起動・停止を自動化する。

◆◆◆　問題10

　次のコンセプトカテゴリーや製品カテゴリーの説明で、空欄a、bに当てはまる語句の組み合わせとして、適切なものはどれか。

製品カテゴリーの1つ【　a　】は、メディア、印刷、メールによる機密情報の不正な持ち出しを防止し、これらのログを管理することで高いセキュリティレベルを維持する。さらに、万一情報が漏えいした場合、ファイルの暗号化により第三者による閲覧を防止する。また、【　a　】は【　b　】を構成する製品カテゴリーである。

- ○　**ア.** a：資産・配布管理、b：モニタリング
- ○　**イ.** a：ジョブ管理、b：コンプライアンス
- ○　**ウ.** a：セキュリティ管理、b：コンプライアンス
- ○　**エ.** a：ネットワーク管理、b：オートメーション
- ○　**オ.** a：統合管理、b：モニタリング

第5章　模擬試験

◆◆◆ 解説9　　　　　　　　　　　　解答 | ウ

　運用自動化（JP1/Automatic Operation）は複数の手順や操作が必要な仮想マシン運用や、システム構成変更に伴う複数サーバ上での設定作業など、IT運用において運用手順書を必要とする典型的な操作をテンプレート化し、コンテンツとして提供する。これらのコンテンツは運用ノウハウが盛り込まれており、実用性が高く、すぐに利用可能である。

【ア】：統合コンソール（JP1/Integrated Management）の機能である。

【イ】：統合コンソール（JP1/Integrated Management）の機能である。

【エ】：運用ナビゲーション（JP1/Navigation Platform）の機能である。

【オ】：電源管理（JP1/Power Monitor）の機能である。

◆◆◆ 解説10　　　　　　　　　　　　解答 | ウ

　セキュリティ管理はコンプライアンスを構成する製品カテゴリーの1つであり、持ち出し制御やログ管理、ファイルの暗号化などにより、情報漏えいを防止する機能を提供する。

【ア】：資産・配布管理はコンプライアンスを構成する製品カテゴリーの1つであり、ソフトウェアやハードウェアなどのIT資産情報やセキュリティ対策状況を把握し一元管理することで、IT資産を有効活用できる。

【イ】：ジョブ管理はオートメーションを構成する製品カテゴリーの1つであり、業務実行のスケジューリングや予実績管理など、業務の自動化に必要な機能を提供する。

【エ】：ネットワーク管理はモニタリングを構成する製品カテゴリーの1つであり、業界標準プロトコルであるSNMPを採用し、ファイアウォールやNATを介したネットワークも含め、ネットワークの一元管理を実現する。

【オ】：統合管理はモニタリングを構成する製品カテゴリーの1つであり、監視対象から収集した管理情報を1台のコンソール画面に表示し、企業情報システム全体の稼働状況をリアルタイムに監視する。

274

第3回　模擬試験

◆◆◆ 問題11

無許可で接続したPCを業務ネットワークから自動排除する仕組みを、既存ネットワーク環境で実現できる機能を備えた製品として適切なものはどれか。

- ❍ **ア.** ネットワークノードマネージャ（JP1/Network Node Manager i、JP1/Network Node Manager i Advanced）
- ❍ **イ.** サービスレベル管理（JP1/Service Level Management）
- ❍ **ウ.** IT資産・配布管理（JP1/IT Desktop Management 2）
- ❍ **エ.** 情報漏えい防止（JP1/秘文）
- ❍ **オ.** 監査証跡管理（JP1/Audit Management）

◆◆◆ 問題12

ファイル転送（JP1/File Transmission Server/FTP）の説明として適切なものはどれか。

- ❍ **ア.** 複数のファイルを一括転送できる。
- ❍ **イ.** ネットワークの障害管理や構成管理ができる。
- ❍ **ウ.** GUIを使ってジョブやジョブネットを定義したり、ジョブやジョブネットの実行予定・実行結果を画面に表示できる。
- ❍ **エ.** データ転送はHTTPSで行われるため、ファイアウォールなどの既存ネットワーク機器を変更する必要もなく、導入が容易である。
- ❍ **オ.** ドライブ、メディア、ファイルを暗号化することができる。

5
模
3

第5章　模擬試験

◆◆◆ **解説11**　　　　　　　　　　　　　　　　　　解答　ウ

　IT資産・配布管理（JP1/IT Desktop Management 2）は、無許可で接続したPC
を業務ネットワークから自動排除する仕組みを、既存ネットワーク環境で実現でき
る。

　【ア】：ネットワークノードマネージャ（JP1/Network Node Manager i、JP1/
Network Node Manager i Advanced）は、業界標準のSNMPを採用し、ネット
ワークの構成管理や障害管理を実現する製品である。

　【イ】：サービスレベル管理（JP1/Service Level Management）は、サービスレ
ベル管理（SLM）を実現する製品である。Webシステムで求められるサービスレベ
ル管理（SLM）の運用サイクルとして、サービスの監視・評価（Check）を支援す
る機能を提供する。

　【エ】：情報漏えい防止（JP1/秘文）は、メディア、印刷、メールによる機密情報
の不正な持ち出しを防止し、これらのログを管理することで高いセキュリティレベ
ルを維持する製品である。

　【オ】：監査証跡管理（JP1/Audit Management）は、内部統制が機能しているこ
とを証明するために、必要とされる監査証跡（証跡記録）を収集・管理し、長期間
にわたる保管を実現する製品である。

◆◆◆ **解説12**　　　　　　　　　　　　　　　　　　解答　ア

　ファイル転送を効率化し、信頼性を高めるファイル転送（JP1/File Transmission
Server/FTP）では登録済みの複数の伝送カードを指定して、一度に複数のファイ
ルを転送することが可能である。

　【イ】：ネットワークノードマネージャ（JP1/Network Node Manager i、JP1/
Network Node Manager i Advanced）の説明である。ネットワークの障害管理や
構成管理などを実現する製品である。

　【ウ】：ジョブスケジューラ - ビュー（JP1/Automatic Job Management System
3 - View）の説明である。

　【エ】：高速大容量ファイル転送（JP1/Data Highway）の説明である。

　【オ】：情報漏えい防止（JP1/秘文）の説明である。ドライブ、メディア、ファイ
ルを暗号化することによって、PCやメディアの紛失・盗難時の情報漏えいを防止す
るための製品である。

276

第3回　模擬試験

◆◆◆ 問題13

IT資産・配布管理（JP1/IT Desktop Management 2）の機能説明として、間違っているものはどれか。

- ○　**ア.**「更新プログラムは最新か」「ウィルス対策製品のバージョンは適切か」「禁止サービスが稼働していないか」といった判定や、禁止操作の設定、操作ログの設定など、さまざまなセキュリティポリシーを設定することで、セキュリティ対策を徹底できる。
- ○　**イ.** 内部統制が機能していることを証明するために、必要とされる監査証跡（証跡記録）を収集・管理し、長期間にわたる保管を実現する。
- ○　**ウ.** IT資産管理に必要な機能をオールインワンで提供している。
- ○　**エ.** 遠隔保守とヘルプデスク支援ができる。
- ○　**オ.** ソフトウェアライセンスの保有数と実際のライセンス消費数、割り当て済みPCとインストール済みPCを把握できる。

◆◆◆ 問題14

ジョブスケジューラ（JP1/Automatic Job Management System 3）の機能について、以下の説明を表すスケジュールの設定として適切なものはどれか。

上旬、中旬、下旬を基点としたスケジューリング。

- ○　**ア.** 起算スケジュール
- ○　**イ.** 運用日
- ○　**ウ.** 振り替え日
- ○　**エ.** 排他スケジュール
- ○　**オ.** 休業日

277

第5章　模擬試験

◆◆◆ 解説13　　　　　　　　　　　　　　解答　イ

　監査証跡（証跡記録）の収集・管理、保管は監査証跡管理（JP1/Audit Management）の機能である。

　【ア】：IT資産・配布管理（JP1/IT Desktop Management 2）のセキュリティ対策の統制の機能説明である。

　【ウ】：IT資産・配布管理（JP1/IT Desktop Management 2）は、IT資産管理に必要な機能をオールインワンで提供している。

　【エ】：IT資産・配布管理（JP1/IT Desktop Management 2）のリモート操作の機能説明である。

　【オ】：IT資産・配布管理（JP1/IT Desktop Management 2）のソフトウェアのライセンス管理の機能説明である。

◆◆◆ 解説14　　　　　　　　　　　　　　解答　ア

　上旬、中旬、下旬を起点としたスケジューリングを起算スケジュールと言う。

　【イ】：運用日はジョブネットを運用する日を指す。

　【ウ】：休業日の振り替えに従って決められたジョブネットの次回実行予定日を指す。

　【エ】：ジョブネットの実行予定が自ジョブネットの実行予定と重なった場合、自ジョブネットを実行させないようにするスケジュールである。

　【オ】：休業日はジョブネットを実行しない日を指す。

278

第3回　模擬試験

◆◆◆ **問題 15**

IT資産・配布管理（JP1/IT Desktop Management 2）のインベントリ情報の自動収集の機能で取得できるインベントリ情報として、間違っているものはどれか。

- ○　**ア.** ソフトウェアライセンス情報
- ○　**イ.** セキュリティ関連情報
- ○　**ウ.** ユーザ固有情報
- ○　**エ.** ソフトウェア情報
- ○　**オ.** ハードウェア情報

◆◆◆ **問題 16**

セキュリティ管理で実現したい事象と、情報漏えい防止（JP1/秘文）の対策と機能の組み合わせで適切なものはどれか。

- ○　**ア.** スマートフォン、USBメモリなどを利用したデータのやりとりの制限 － ドライブ暗号化
- ○　**イ.** ファイルの閲覧停止 － メディア暗号化
- ○　**ウ.** 管理者が許可していないアクセスポイントによるインターネット接続制限 － デバイス制御
- ○　**エ.** スマートフォン、しSBメモリなどを利用したデータのやりとりの制限 － デバイス制御
- ○　**オ.** PCや記録メディア、ファイルサーバのデータを暗号化 － ログ取得・管理

279

第5章　模擬試験

◆◆◆ 解説15　　　　　　　　　　　　　　　　　解答 ア

　IT資産・配布（JP1/IT Desktop Management 2）のインベントリ情報の自動収集の機能ではソフトウェアライセンス情報は取得できない。IT資産・配布管理（JP1/IT Desktop Management 2）では、ソフトウェアのライセンス管理で、ソフトウェアライセンスの保有数と実際のライセンス消費数、割り当て済みPCとインストール済みPCを把握できる。

　【イ】：適用されている更新プログラム、ウィルス対策製品（エンジン、定義ファイルバージョン、常駐／非常駐）、OS設定などのセキュリティ関連情報を取得できる。

　【ウ】：PC利用者氏名、所属、電話番号、社員番号、メールアドレスなどのユーザ固有情報を取得できる。

　【エ】：名称、バージョン、メーカーなどのソフトウェア情報を取得できる。

　【オ】：ハードディスク空き容量、実装メモリ容量などのハードウェア情報を取得できる。

◆◆◆ 解説16　　　　　　　　　　　　　　　　　解答 エ

　デバイス制御により、スマートフォン、USBメモリなどを利用したデータのやりとりの制限ができる。

　【ア】：スマートフォン、USBメモリなどを利用したデータのやりとりの制限はデバイス制御である。

　【イ】：ファイルの閲覧停止はIRMである。

　【ウ】：管理者が許可していないアクセスポイントによるインターネット接続制限はネットワーク制御である。

　【オ】：PCや記録メディア、ファイルサーバのデータの暗号化はドライブ暗号化、メディア暗号化、ファイルサーバ暗号化である。

第3回　模擬試験

◆◆◆ 問題 17

以下の文章を読んで、機能の説明として適切な製品はどれか。

ネットワークのパフォーマンスや可用性・信頼性を確保するためのルータの冗長化やリンクアグリゲーションなどの技術に対応している。

- ○ **ア.** ネットワークノードマネージャ（JP1/Network Node Manager i）
- ○ **イ.** ネットワークノードマネージャ（JP1/Network Node Manager i Advanced）
- ○ **ウ.** ファイル転送（JP1/File Transmission Server/FTP）
- ○ **エ.** ネットワークノードマネージャ開発者ツールキット（JP1/Network Node Manager i Developer's ToolKit）
- ○ **オ.** IT運用分析（JP1/Operations Analytics）

◆◆◆ 問題 18

以下の製品とカテゴリーの組み合わせに関する説明として適切なものはどれか。

- ○ **ア.** パフォーマンス管理は、コンプライアンスに対応する製品である。
- ○ **イ.** ジョブ管理は、モニタリングに対応する製品である。
- ○ **ウ.** バックアップ管理は、モニタリングに対応する製品である。
- ○ **エ.** 統合管理は、オートメーションに対応する製品である。
- ○ **オ.** ネットワーク管理は、モニタリングに対応する製品である。

第5章　模擬試験

◆◆◆ 解説17　　　　　　　　　　　　　　　　　　　解答　イ

　ネットワークノードマネージャ（JP1/Network Node Manager i Advanced）は、ネットワークノードマネージャ（JP1/Network Node Manager i）の機能に加え、ネットワークのパフォーマンスや可用性・信頼性を確保するためのルータの冗長化（RRG：Router Redundancy Group）やリンクアグリゲーションなどの技術に対応している。さらに、IPv6とIPv4が混在したネットワーク環境を一元管理できるなど、高度なネットワークに対する監視が実現できる。

　【ア】：ネットワークノードマネージャ（JP1/Network Node Manager i）は、業界標準のSNMPを採用し、ネットワークの構成管理や障害管理を実現する。

　【ウ】：ファイル転送（JP1/File Transmission Server/FTP）は、業務と連携したファイル送受信、受信後のプログラムの自動起動など、OS標準のFTPに比べ定型業務でファイル伝送をする場合に有効な機能を持つジョブ管理製品である。

　【エ】：ネットワークノードマネージャ開発者ツールキット（JP1/Network Node Manager i Developer's ToolKit）は、Webサービスを利用したインタフェースの提供により、ユーザアプリケーションから、ネットワークノードマネージャが保有しているインシデント情報、ノード情報などを取得・利用できる。

　【オ】：IT運用分析（JP1/Operations Analytics）は、仮想環境やクラウドを利用して集約されたIT基盤に障害が発生したとき、多角的な調査・分析で復旧作業を迅速化するための製品である。

◆◆◆ 解説18　　　　　　　　　　　　　　　　　　　解答　オ

ネットワーク管理は、モニタリングに対応する製品である。
【ア】：パフォーマンス管理は、モニタリングに対応する製品である。
【イ】：ジョブ管理は、オートメーションに対応する製品である。
【ウ】：バックアップ管理は、オートメーションに対応する製品である。
【エ】：統合管理は、モニタリングに対応する製品である。

282

第3回　模擬試験

◆◆◆ 問題19

　製品カテゴリーとコンセプトカテゴリーの組み合わせに関する説明として適切なものはどれか。

- ○　**ア.** パフォーマンス管理は、コンプライアンスに対応する製品である。
- ○　**イ.** ジョブ管理は、モニタリングに対応する製品である。
- ○　**ウ.** バックアップ管理は、オートメーションに対応する製品である。
- ○　**エ.** 統合管理は、オートメーションに対応する製品である。
- ○　**オ.** セキュリティ管理は、モニタリングに対応する製品である。

◆◆◆ 問題20

　IT運用分析（JP1/Operations Analytics）に関する説明として、間違っているものはどれか。

- ○　**ア.** ネットワークを利用して、ソフトウェアの配布を行うことができる。
- ○　**イ.** 仮想環境やクラウドの利用によって変化するIT基盤の構成を自動的に収集する。
- ○　**ウ.** IT基盤からの視点だけではなく、業務システムからの視点で顕在化している障害をひと目で把握できる。
- ○　**エ.** 障害発生箇所と関連がある情報だけを画面に表示する。
- ○　**オ.** 過去に実施した構成の変更と性能の傾向を突き合わせて、因果関係を確認できる。

第5章　模擬試験

◆◆◆ 解説19　　　　　　　　　　　　　解答　ウ

バックアップ管理は、オートメーションに対応する製品である。

【ア】：パフォーマンス管理は、モニタリングに対応する製品である。

【イ】：ジョブ管理は、オートメーションに対応する製品である。

【エ】：統合管理は、モニタリングに対応する製品である。

【オ】：セキュリティ管理は、コンプライアンスに対応する製品である。

◆◆◆ 解説20　　　　　　　　　　　　　解答　ア

IT運用分析（JP1/Operations Analytics）は、仮想環境やクラウドを利用して集約されたIT基盤に障害が発生したとき、多角的な調査・分析で復旧作業を迅速化するための製品である。

【ア】：IT資産・配布管理（JP1/IT Desktop Management 2）に関する説明である。

【イ】【ウ】【エ】【オ】はいずれも、IT運用分析（JP1/Operations Analytics）に関する説明である。

284

付録

参考資料

付録　参考資料

主なJP1製品一覧

日本語名	製品名称
IT運用自動化	
運用自動化	JP1/Automatic Operation
運用ナビゲーション	JP1/Navigation Platform
サービスポータル	JP1/Service Portal for OpenStack
ジョブ管理	
ジョブスケジューラ	JP1/Automatic Job Management System 3
ERP連携	JP1/Automatic Job Management System 3 for Enterprise Applications
電源管理	JP1/Power Monitor
スクリプト言語	JP1/Advanced Shell
	JP1/Script
ファイル転送	JP1/File Transmission Server/FTP
高速大容量ファイル転送	JP1/Data Highway
バックアップ管理	
バックアップ管理（マルチプラットフォーム環境向け）	JP1/VERITAS NetBackup
バックアップ管理（Windows環境向け）	JP1/VERITAS Backup Exec
統合管理	
統合コンソール	JP1/Integrated Management
IT運用分析	JP1/Operations Analytics
通報管理	JP1/TELstaff
JP1管理基盤	JP1/Base
監査証跡管理	JP1/Audit Management
ITサービス管理	
ITプロセス管理	JP1/Service Support
構成管理	JP1/Universal CMDB
パフォーマンス管理	
サービスレベル管理	JP1/Service Level Management
稼働性能管理	JP1/Performance Management
ネットワーク管理	
ネットワークノードマネージャ	JP1/Network Node Manager i
システムリソース/プロセスリソース管理	JP1/SNMP System Observer
機器管理	JP1/Network Element Manager
資産・配布管理	
IT資産・配布管理	JP1/IT Desktop Management 2
リモート操作	JP1/Remote Control
セキュリティ管理	
情報漏えい防止	JP1/秘文

286

付録　参考資料

参考リンク

JP1マニュアルの閲覧サイト

http://itdoc.hitachi.co.jp/Pages/document_list/manuals/jp1v11.html

JP1評価版の入手方法

http://www.hitachi.co.jp/Prod/comp/soft1/jp1/products/evaluate/index.html

JP1認定資格講座

　日立製作所により、資格取得や製品導入を検討している層から、すでに構築・運用している層、販売に携わる層まで、それぞれのレベル（初心者～上級者）や立場に応じた講座が用意されている。

資格名	対応する講座名
JP1認定セールスコーディネーター 　Certified JP1 Sales Coordinator	JP1 セールスコーディネーター
JP1認定エンジニア 　Certified JP1 Engineer	JP1 エンジニア －機能概説－
JP1認定プロフェッショナル 　Certified JP1 Professional	JP1 プロフェッショナル　統合管理1 －システム監視－
	JP1 プロフェッショナル　統合管理2 －システム設定－
	JP1 プロフェッショナル　パフォーマンス管理
	JP1 プロフェッショナル　ジョブ管理1 －ジョブ定義・監視－
	JP1 プロフェッショナル　ジョブ管理2 －システム設定・運用管理－
	JP1 プロフェッショナル　資産・配布管理
	JP1 プロフェッショナル　セキュリティ管理
	JP1 プロフェッショナル　ネットワーク管理1 －ネットワーク管理基盤－
	JP1 プロフェッショナル　ネットワーク管理2 －システムリソース管理－
	JP1 プロフェッショナル　バックアップ管理

付録　参考資料

資格名	対応する講座名
JP1認定コンサルタント 　Certified JP1 Consultant	JP1 コンサルタント　統合管理
	JP1 コンサルタント　パフォーマンス管理
	JP1コンサルタント　ジョブ管理
	JP1コンサルタント　資産・配布管理
	JP1コンサルタント　ネットワーク管理
－	JP1操作入門

　上記の講座を推奨コース順に受講していくと、製品の機能を包括的に知ることができ、日立オープンミドルウェア製品の強みを最大限に活かした構築・運用のノウハウが習得できる。

JP1研修に関するWebサイト

http://www.hitachi.co.jp/products/it/cert/middleware/training.html

Index

◆ E ◆

E2E View画面 40
Enterprise Clientオプション 163
ERP連携 128, 149, 286

◆ H ◆

HTTPS 153

◆ I ◆

IM構成管理画面 31
IRM（ファイルの閲覧禁止） 203
IT Infrastructure Library 10
ITIL 10
　～に基づいた案件処理の流れ 54
ITILサービスサポート 50
　～での利用 58
IT運用自動化 109, 111
IT運用分析 20, 22 37, 286
ITサービス管理 20, 46
ITサービス管理機能 51
IT資産・配布管理 186, 286
ITプロセス管理 20 48, 286

◆ J ◆

JP1 11
　～の製品体系 13
　～のソリューション例 14
　～の理念 12
JP1/Advanced Shell 154, 286
JP1/Audit Management 22, 45, 286
JP1/Automatic Job Management System 3
.... 129, 286
　-Agent 131
　-Definition Assistant 148
　for Enterprise Applications 149, 286
　-Manager 130
　-Print Option 147
　-View 131
JP1/Automatic Operation 111, 286
JP1/Base 286

JP1/Data Highway 152, 286
JP1/File Transmission Server/FTP
.... 151, 286
JP1/Integrated Management 23, 123, 286
JP1/IT Desktop Management 2 ...... 186, 286
JP1/Navigation Platform 124, 286
JP1/Network Element Manager .. 80, 85, 286
JP1/Network Node Manager i 80, 81, 286
JP1/Network Node Manager i Advanced
.... 81, 83
JP1/Network Node Manager i Developer's
Toolkit 83
JP1/Operations Analytics 22, 37, 286
JP1/Performance Management .. 59, 69, 286
　-Agent Option for Platform 77
JP1/Power Monitor 155, 286
JP1/Remote Control 199, 286
JP1/Script 154, 286
JP1/Service Level Management .. 59, 286
JP1/Service Portal for OpenStack .. 126, 286
JP1/Service Support 48, 286
JP1/SNMP System Observer 80, 84, 286
JP1/TELstaff 22, 43, 286
JP1/Universal CMDB 57, 286
JP1/VERITAS 157
JP1/VERITAS Backup Exec 164, 286
JP1/VERITAS NetBackup 157, 286
JP1/秘文 201, 286
JP1イベント 13, 23
　～の発行 72
JP1イベント受信監視ジョブ 137
JP1監視の一括設定 123
JP1管理基盤 286
JP1ジョブスケジューラとの連携 162
JP1統合コンソールとの連携 162
JP1連携 126

◆ M ◆

Manageability 12

289

索引

◆ N ◆

NAS 160
NAT 78
NDMPオプション 160
Network Address Translation 78

◆ O ◆

OSのセキュリティ設定の確認 197

◆ P ◆

PDCA 11, 110, 114

◆ S ◆

SAP BWシステムとの連携 150
SAP ERPシステムとの連携 149
Security 13
Service Builder画面 116
Service Level Management 61
Serviceability 12
Simple Network Management Protocol 80
SLM 61
SNMP 80

◆ V ◆

Vaultオプション 160
Vmware VCB機能との連携 163

◆ W ◆

Web GUIダッシュボードウィンドウ 146
Web GUIによる実行監視 145
Windowsイベントログ監視ジョブ 139

◆ あ行 ◆

アラームでの通知とアクション実行 72
案件の進捗管理 52
暗号化機能 158, 165

◆ い行 ◆

一元管理
　　イベントの～ 23, 24
　　作業記録の～ 52
イベント 23
　　～の一元管理 23, 24
　　～の検索 34
　　～のハンドリング 24, 31
イベントコンソール画面 26
イベント取得フィルタ 31
イベントジョブ 137

◆ い行（続き）

イベント対処/未対処表示 34
インシデント 50, 84
　　～の自動登録 53
インシデント管理 50
インテルvProテクノロジー 200
インフォパッケージ 150
インベントリ情報の自動収集 189
インポート 149

◆ う行 ◆

ウィザード 164
ウィルス対策製品の適用 194
運用オペレーションの効率化 112
運用支援機能 44
運用自動化 111, 286
運用情報印刷 147
運用手順
　　～の可視化 124
　　～の操作ログ出力 125
運用ナビゲーション 111, 124, 286
運用レポート出力 53

◆ え行 ◆

エージェント監視 25, 71
エージェントレス監視 25, 71
エクスポート 149
閲覧型機密ファイル 203
エディタによる編集/デバッグ 154
エラー検知と自動アクション 24, 34

◆ お行 ◆

オートメーション 14, 109
オープンファイルバックアップ 165
オンラインバックアップ 165

◆ か行 ◆

ガイド機能 36
確定実行登録 139
仮想化 11
仮想サーバの追加 122
稼働監視
　　OSの～ 77
稼働情報の収集、管理 72
稼働性能管理 20, 59, 69, 286
簡易入力 154
監査証跡管理 20, 22, 45, 286
監視画面通知 72

290

監視項目
　　サーバー稼働管理エージェントの主な〜
　　.. 76
　　〜の例 42
監視サービスの自動検出 63
監視設定画面 63
監視対象 76
監視ツリー 29
監視ツリー画面 27
監視テンプレート 76
管理コンソール 164
関連図マップ出力 147

◆ き行 ◆

機器管理 20, 80, 85, 286
起算スケジュール 136
起動条件
　　ジョブネットの〜 137
キュー 140
業務運用サイクル 110
業務運用の操作履歴管理 146
業務の変更履歴管理 148
禁止操作の抑止 196

◆ く行 ◆

クイックガイド 75
クラウド 11
繰り返しイベント 34

◆ け行 ◆

計画実行登録 139
傾向監視 66

◆ こ行 ◆

更新プログラムの適用 194
構成管理 20, 51, 286
　　システムの〜 57
　　ネットワークの〜 81
構成管理情報の参照 53
構成情報の自動収集 39
高速化
　　リモート操作の〜 200
高速大容量ファイル転送 128, 152, 286
コンテンツ 113
コンプライアンス 14, 185

◆ さ行 ◆

サービス画面 114

サービステンプレート 117
サービスポータル 111, 126, 286
サービスレベル管理 20, 59, 286
再実行 141
作業管理フォームのカスタマイズ 53
作業記録の一元管理 52
サマリー監視ウィンドウ 144
3階層集中管理 157

◆ し行 ◆

資産・配布管理 185
資産詳細レポート 192
事象 13
システム運用 9
システム構成
　　〜の可視化 57
　　〜の表示画面 57
システム情報サマリ監視画面 75
システムの監視 24, 26
システムの自動開始と終了 156
システムリソース / プロセスリソース管理
　　.. 20, 80, 84, 286
システムリソース管理 84
システムリソースレポート 84
実行エージェントの管理 140
実行間隔制御ジョブ 139
実行監視
　　Web GUIによる〜 145
　　ジョブネットモニタによる〜 142
実行状況の監視 141
自動アクション 34
自動電源切断 156
自動リトライ 141
集計業務の運用 129
重大度アイコン 27
重複データのバックアップ除外オプション
　　.. 162
重要イベントフィルタ 32
順次実行
　　ジョブの〜 134
障害監視
　　ネットワークの〜 82
障害の状況把握 39
障害の分析 40
使用禁止サービスの稼働確認 195
証跡記録 46
承認プロセスによる運用の統制 128
情報漏えい防止 201, 286

291

索引

ジョブ
　　～の一括定義 148
　　～の実行 139
　　～の順次実行 134
　　～の定義 132, 133
ジョブ管理 109, 128
ジョブグループ 133
ジョブグループ定義 132
ジョブ実行制御機能 140
ジョブスケジューラ 128, 129, 286
ジョブスケジューラ-エージェント 131
ジョブスケジューラ-ビュー 131
ジョブスケジューラ-マネージャ 130
ジョブ定義情報の一括収集・反映 148
ジョブネット 133
　　～の登録方法 139
ジョブネット情報の表示と印刷 147
ジョブネット定義 132
ジョブネットモニタウィンドウ 142
ジョブネットモニタによる実行監視 142
処理サイクル 136

◆　す行　◆

スクリーンセーバーの設定 197
スクリプト言語 128, 153, 286
　　～の定義 154
スケジュールルール 135
ステータス監視ウィンドウ 143

◆　せ行　◆

セキュリティ管理 185, 200
セキュリティ診断レポート 197
セキュリティ設定の確認 197
セキュリティポリシーの設定 193
セルフサービスポータル 126

◆　そ行　◆

相関イベント 32, 33
即時実行登録 139
ソフトウェアのインストール状況の確認 195

◆　た行　◆

ダイジェストレポート 189
対処支援 24, 35
タスク画面 115
タスク詳細画面 116
ダッシュボード画面 39
棚卸 192

◆　つ行　◆

通報管理 20, 22, 43, 286
通報手段 44

◆　て行　◆

定義情報の一括取り込み 148
定期評価レポート 64
提供コンテンツの利用 117
ディザスタリカバリ 164
ディスクステージング 159
デイリースケジュールウィンドウでの監視
　... 144
データ転送の自動化 153
データベースエージェントオプション 161
テスト・デバッグ 155
テストジョブ機能 164
デバイス制御 202
電源管理 128, 155, 286
転送フィルタ 31

◆　と行　◆

統合管理 20,21
統合機能メニュー 36
統合コンソール 20, 22, 23, 286
　　～との連携 123
特定イベントの除外 34
ドライブ暗号化 203

◆　に行　◆

任意の帳票形式での印刷 147

◆　ね行　◆

ネットワーク管理 20, 78
ネットワーク制御 202
ネットワークノードマネージャ
　.. 20, 80, 81, 286
ネットワークノードマネージャ開発者ツールキット
　... 83
ネットワークバックアップ 165

◆　の行　◆

ノード 81

◆　は行　◆

排他スケジュール 137
配布・インストール
　　ソフトウェアの～ 190
外れ値検知 66

292

索引

外れ値検知＋相関関係 67
バックアップ
　　JP1製品と連携した～ 162
　　仮想環境の～ 166
バックアップ管理 109, 157, 286
バックアップ管理（Windows環境向け）...... 164
バッチ業務途中の応答 155
バッチジョブの開発効率化と運用支援 155
パッチ配布の省力化支援 195
パフォーマンス管理 20, 59
判定ジョブ 134

◆ ひ行 ◆

ビジュアル監視画面 29
表示フィルタ 32

◆ ふ行 ◆

ファイル監視ジョブ 138
ファイルサーバ暗号化 203
ファイル転送 128, 151, 286
ファイル保護 203
フィルタ 31
プラットフォーム監視エージェント 77
フローチャートマップ出力 147
プロセス間連携 53
プロセスリソース管理 85
分散環境での電源制御 156
分散実行 141

◆ へ行 ◆

ヘルプデスク 55
ヘルプデスク支援 199
変更管理 51
　　システム構成の～ 58

◆ ほ行 ◆

ホーム画面 62, 188
ボトルネック分析画面 41

◆ ま行 ◆

マンスリースケジュールウィンドウでの監視
　.. 145

◆ む行 ◆

無許可PCの接続拒否 198

◆ め行 ◆

メッセージ変換 24, 37

メディア暗号化 203
メニュー作成 154

◆ も行 ◆

モニタリング 13
　　～の概要 19
問題管理 50
問題調査画面 68

◆ ゆ行 ◆

ユーザフィルタ 32

◆ よ行 ◆

予実績管理 144
予兆検知 204
　　サービス低下の～ 65

◆ ら行 ◆

ライセンス管理
　　ソフトウェアの～ 190
ライフサイクル管理
　　IT資産の～ 186

◆ り行 ◆

リアルタイム監視 63
リアルタイム監視画面 64
リアルタイムレポート 73
リモート操作 199, 286
リリース管理 51
履歴レポート 73

◆ る行 ◆

ルートジョブネットの計画切り替え実行 136

◆ れ行 ◆

レポート
　　～のタイリング表示 75
レポート画面 65
連携製品呼び出し 37

◆ ろ行 ◆

漏えい防止
　　リモート操作内容の～ 200
ログ取得 196
ログ取得・管理 203
ログファイル監視ジョブ 138

293

執筆

株式会社日立製作所

本書は、株式会社日立製作所 IoT・クラウドサービス事業部 基盤インテグレーション部の中で、
JP1 の販売企画、構築、教育に従事している有志が集まり執筆した。

装丁　　結城 亨（SelfScript）
組版　　株式会社シンクス

IT Service Management 教科書
JP1 認定エンジニア　V11 対応

2016年6月17日　　初版第1刷発行

著　者　　株式会社日立製作所
発行人　　佐々木 幹夫
発行所　　株式会社 翔泳社（http://www.shoeisha.co.jp）
印　刷　　昭和情報プロセス株式会社
製　本　　株式会社国宝社

©2016 Hitachi, Ltd. All rights reserved.

本書は著作権法上の保護を受けています。本書の一部または全部について（ソフトウェア
およびプログラムを含む）、株式会社翔泳社から文書による許諾を得ずに、いかなる方法に
おいても無断で複写、複製することは禁じられています。

本書へのお問い合わせについては、ii ページに記載の内容をお読みください。

造本には細心の注意を払っておりますが、万一、乱丁（ページの順序違い）や落丁（ペー
ジ抜け）がございましたら、お取り替えいたします。03-5362-3705 までご連絡ください。

ISBN978-4-7981-4683-6　　　　　　　　　　　　　Printed in Japan